たかが英語！
ENGLISHNIZATION

為什麼日本樂天員工都說英語？㉂㉂

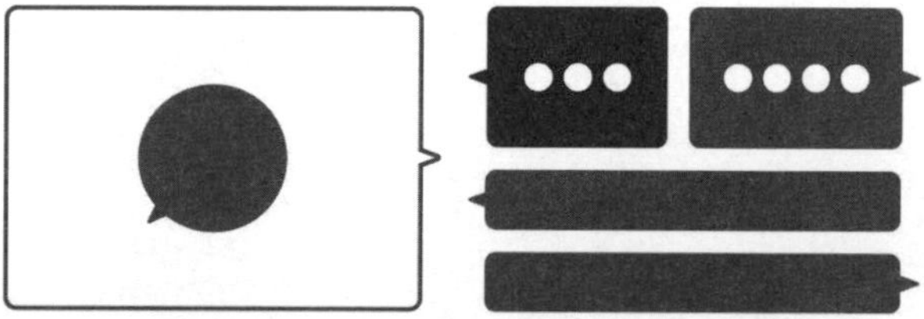

樂天集團以英語化邁向國際化
KNOW-HOW全公開

日本樂天集團總裁
三木谷 浩史
Hiroshi Mikitani
——作者——

李道道・謝函芳
——譯者——

目次

推薦序

英語化對樂天的衝擊

羅雅薰

十年前的十二月，樂天全體員工四千多人坐在大禮堂參加著名的Asakai（朝會），眼睛緊盯著螢幕上的報告，每人僅有一分鐘的報告時間，對日本人來說已是一種挑戰，外國人看著聽著更是一頭霧水，更別提坐在旁邊一臉挫折的翻譯夥伴。

十年後的今天，樂天的報告與會議皆使用相同的語言溝通——「英語」，沒有翻譯的問題，更沒有言語的隔閡，大家在三十分鐘內即可建立全球共識。

跨國運作更具效益化

營造出溝通無礙的環境是一個公司內部不可或缺的環節，不管是制定目標、檢討數據、會議討論等，大家使用共同的英語字彙，減少不必要的誤解與落差，進而加速共識的建立。「共通的語言」有效縮短會議時間，過去需要花時間在日翻中、中翻日，讓每次的會議與討論多一倍的時間，現在大家可以花更多的時間切入要點、討論議題。

創新挑戰與機會

樂天的創新來自於許多小細節，英語化即是創新的一個助力。不一樣的語言、不同的文化，讓大家看事情的角度有了轉變；不同的語言系統，使得語句的組成與順序不同，連帶讓大家在思考上也跟著翻轉。

▼過去管理階層以「經驗」與「領域專業」為主要升遷考量，在英語化的環境，每個人有新的挑戰與機會，「溝通」與「表達能力」讓新一代樂天經理人有新的自我表現機會。同時，每個時期新的挑戰，讓樂天管理階層永遠保持備戰狀態，不斷的精進自我，這便是樂天人的專業精神與生活態度。

▼「我相信我可以」改變了很多台灣樂天夥伴——很多台灣樂天員工過去抗拒英語，害怕英語對話，現在，很多夥伴開始接受挑戰，大膽嘗試，從不會、不能、不要、不想，到今天帶領團隊跟其他國家夥伴召開跨國視訊會議，樂天員工自我心態轉變與膽識，展現台灣人不服輸的特質，也是改變的勇氣。

從轉變的過程中我們還發現，在一場英語會議裡，當大家發現彼此也都不是英語專家時，大家更可以放開心胸去「使用語言」，語言突然變成是一種「破冰的工具」，也同時讓大家更可以放下陌生的心防，慢慢表達與闡述各自的想法。在英語化的環境中，會需要大家變得更「厚臉皮」，這在很多會議上產生了過去所沒有的「化學反應」。

語言讓溝通更「具體化」

日本文化與歐美文化最大的差異在於英語需要更「精準」的溝通，對或不對、要或不要，過去需要去思考背後的意思，在換個語言溝通時，大家會更聚焦在「直接切入重點且準確」的表達想法，讓對話更著重在實質的效率創造。

全球化的今天，需要樂天夥伴以更「樂天」與開放的心胸去擁抱改變。二〇一七樂天全球二十年，二〇一八樂天台灣十年，樂天會堅持與加速創新，為全球消費者帶來更便利的生活。

（本文作者為台灣樂天市場股份有限公司執行長）

推薦序

英語化，讓樂天走向全世界

邵作俊

二〇一二年七月起樂天（Rakuten）公司已正式啟動「企業官方語言英語化」計畫。二〇一〇年三木谷社長宣布樂天將以兩年時間完成目標時，日本國內輿論呈現兩極化，應該說絕大多數反應否定這種做法並引發廣大討論。這本書的發行，可以說一方面宣示此計畫成功，同時公開整個過程和細節，回答所有的疑問。

三木谷社長將TOEIC做為公司員工英語能力評量標準的理由無他，全球每年超過六百萬人受測，信度、效度舉世無雙。測驗內容恰如其名Test of English for International Communication，國際溝通英語！如同ETS多益測驗使用者手冊的介紹：「測驗研發人員強調的英語，既非美國人的英語，亦非英國人的英語，而是『國際英語（International English）』，亦即著重非英語母語人士在國際間溝通使用的英語。」

如果要求日本員工達到英語母語的水準，實在需要經年累月的努力，而且成功機率極低。但職場商場上要求的是簡潔明白的溝通英語，這正是TOEIC考試內容所要求的能力，也是三木谷社長推動「企業官方語言英語化」要求的英語，而他所稱的全球語（Globish），源自法籍前任IBM國際行銷副總裁Jean-Paul Nerrière為其全球同仁推廣的簡明英語，所選字彙量不超過一千五百字，易學能用，也可稱之為英語共同語（ELF，English as a Lingua Franca），學好後已可行遍全球各國職場無大礙，先求能用再求好。

他在推動過程中，讓不少樂天員工承受壓力，面對無法晉升的可能後果，也有少數員工因而離職，但是三木谷社長推動英語化的決心並未動搖。考慮到今後日益萎縮的日本國內市場，加快全球化的腳步成為樂天唯一選項。即使短時間為推廣「英語化」導致生產力下降，那也是樂天脫胎換骨成為全球偉大的線上購物平台必然要承擔的痛。截至目前為止，樂天已購併了世界各國一流的線上購物平台：Buy.com（USA）、PriceMinister（France）、Ikeda（Brazil）、Tradoria（Germany）及Play.com（UK）等，樂天也在台灣、泰國開拓了網路購物商城。試想如果三木谷沒有推動「企業官方語言英語化」，日本員工及世界各國的樂天員工之間要如何溝通呢？

樂天的英語化計畫設定預備時間為兩年。本書詳盡地介紹了三木谷社長如何推行，且得到何種成效。附帶一提，自從他於二〇一〇年五月宣示推動後，經過了一年半，員工的TOEIC平均分數已經進步一六一・一分，而達到六八七・三分，已超過民航公司招募國際線駕駛的最低門檻六五〇分。

書中提及，樂天設立當時，一般都不看好網路購物，如今證實成功。推動英語化計畫時，也是飽受質疑，甚至遭批評為愚蠢的行動。截至目前為止，如倒吃甘蔗漸入佳境，至於樂天會不會如三木谷社長所說，成為世界第一的網路服務企業，大家且拭目以待。

（本文作者為ETS台灣區代表　忠欣公司董事長）

推薦序

樂天英語化前無古人　有為者亦若是

陳谷海

二〇一〇年，日本樂天集團四十五歲的三木谷社長要求集團內所屬六千三百名日籍員工，將學習英語視為工作內容的一部分。TOEIC成績是學習績效的表現方式，也是職務升遷調派的唯一依據。

這個前無古人的決策不僅轟動日本，也引起包括CNN及華爾街日報等美國主流媒體的持續關注。三木谷社長縝密而堅決的推動日本有史以來規模最大的企業內部英語化運動，不只是一搏二〇五〇年樂天集團是否仍能安然生存，而且還希望樂天集團能夠成為全球第一的網路服務企業。

精準掌握「網路」與「英語」兩大關鍵能力，是三木谷社長在江河日下的日本市場中，不願坐困愁城的一個勇敢嘗試。特別是當許多企業家視國際化與自由化為畏途之際，在企業內推展英語化的抱負，透過網路的架構、英語的流通，在以世界為競局的版圖當中，綻放以服務為核心的軟實力，使得現實上的落後局勢得以改觀，而且還因決策的前瞻與突破而隱然有後來居上之勢。

三木谷社長今日對於英語力攸關企業競爭力的深刻感受，與貿協培訓中心的辦學理念不謀而合。三十年前，政府有感於英語力即是商業力的展現，責成貿協培訓中心成立全台灣最嚴格的實境英語培訓環境，培訓兼具英語力及國際力的經貿專才，為台灣企業推展國際貿易業務所用。

貿協培訓中心的全英語實境學習環境讓每一位就學的學員在高壓力、高成長、高密度的英語學習環境中，鍛造出平均TOEIC成績超過九〇〇分的優異表現，每位畢業學員至少有十家企業爭相聘用的具體成果。除了學員人數比不上樂天外，英語學習成就不遜於樂天。

回應三木谷社長推動企業英語化的見解，我真切地體會到：積極建立個人、企業、甚至於國家整體的英語能力，對於我們未來發展前途有多麼的重要！

（本文作者為前外貿協會國際企業人才培訓中心主任）

推薦序

樂天的改變與選擇：全球化與英語化的思維

陳超明

近來企業發展已朝向全球化為考量的重點，這是不得不然的趨勢，無法面對全球市場或全球競爭的企業，已經面臨淘汰！

以日本為例，早年是以精密產業與創新科技聞名，強調產品品質與精英人才的掌握。在到國際打天下時，靠的是精英人才與翻譯，他們認為只要有翻譯就可以解決跨國溝通的問題。這種做法在早年以硬體產品為主的社會，或者只以國內消費為主的情況下，可以行得通，但隨著全球的生產鏈及跨國人才流動的影響，在訊息流通迅速的現代社會中，這套靠翻譯、靠精英人才的傳統做法，難以因應快速變化的社會，這也是為什麼日本的經濟力近幾年大不如前的主要原因之一。

樂天是服務業，它不能只著眼於國內的企業發展，但當它要放眼國際時，就不能再採取傳統靠翻譯、靠精英的做法，它要面對的是全球第一線的消費者。

以公司的組織結構來說，組織已然扁平化。梯形結構，取代了以往金字塔的架構。中階員工、甚至基層員工，都可能要接觸到來自世界各地人士的諮詢或服務，要用英文溝通的，不再只是中高階層幹部，而是所有人都要會英文。少數精英策略已不管用，大眾或普羅精英主義已是全球化經營中的主要思考。百分之八十以上的員工，要有面對全球人士的能力！

日本樂天會採取以英文為公司官方語言的原因有四點：

一、**面向國際**：企業要面向國際，面對來自各國的客戶，需要有良好的語言準備。

二、**內需變小**：日本的內需市場變小，要往國際發展，就需要有萬全的配套。

三、**管理需求**：日本企業因為勞工成本太高，資本流動，人才不動，不少工廠都選擇外移到越南、泰國等地，工廠或公司的管理不再只是日本國內，面對國外勞工必須要有共通的語言溝通。

四、**迅速反應**：日本企業以往只要靠會說英文的中高階層幹部，或者靠翻譯，即可與他國人士溝通，但在組織扁平化、接觸到大量國際人士後，靠少數精英與翻譯已不足以應付，緩不濟急，而且費用更高。

因企業選擇要有會英文的人士直接溝通，從基層員工即要求會英語，強化每一個階層的國際溝通能力。這其實是樂天集團在面對國際化快速變遷，激烈競爭情況下不得不然的選擇。

為了國際溝通，選擇英文為企業的官方語言，為什麼是英文？我思考歸納出以下幾點原因：

一、英文做為國際溝通的語言，在近幾年已有相當大的轉變，做為世界溝通的語言工具，要學習的不再只是英式正統的英文，或者所謂的美式英文，而是全世界都可以溝通的全球英文（Global English），這就是樂天採用的英文，是為了溝通訊息、解決問題而學的英文。

以印度為例，英文協助印度人在全世界做生意暢行無阻，甚至可以攻占很多市場。印度可以做到工廠從印度出發，到美國加州的公司可以在印度報稅、幫忙做財務管理工作，這都是因為他們有強而有力的後勤支援，有可以溝通的全球英文。

二、運用全球可通的人才管理與評量工具，如TOEIC多益測驗。多益是有全球標準化的測驗工具，有通行的標準，可以幫助企業了解公司員工英語能力；同時，多益測驗的設計是以全球化溝通能力為主，去除了英式或美式英文的文化及文法的干擾，讓企業或者個人可以更實際地了解英語能力。過去很多本土測驗，強調語法結構測驗或以母語人士英語為典範，忽略了全球溝通所需要的語言能力指標，不在於漂亮或正確的英文，而是訊息的傳遞與溝通的效率！

三、樂天企業採用英文的方式，也在日本的企業界引發影響，並對傳統尊卑觀念強烈的日本企業產生衝擊，因為日語溝通的敬語結構，強調尊卑有序，有時阻礙了溝通效率。但在英文只有you and I。當日本的公司員工以英文溝通時，部屬與總經理間的溝通也只是you and I時，即使有語言的不流暢，但員工間的溝通是否反而更順暢？從基層到中高階層間不再有階級的藩籬，金字塔式的結構解體，以往層層轉達或者不講清楚的情況，隨著語言的轉變而改變。

樂天的英語化政策，不僅是語言的革命，更是企業文化的革命。閱讀這本《為什麼日本樂天員工都說英語？》，我們不禁要想想，台灣企業什麼時候開始思考，如何選擇適合企業的國際化人才管理政策？或更直接地思考，企業是否全面接受英語化或全球布局的衝擊？

（本文作者為實踐大學應用外語系講座教授）

推薦序

漢字文化圈企業揭露全球化實驗紀錄的第一手報告

劉文章

本書作者三木谷浩史認為像樂天這樣大規模且激烈進行英語化的企業，在日本歷史上是前所未見的，可說是一種社會實驗。個人以為這也是漢字文化圈企業轉型為全球營運組織，第一個公開的語言制度變革實驗，一旦取得重大的成果，勢必對台、日、韓、中企業的轉型產生領頭羊的作用，值得台灣企業的管理階層重視。

語文學者都知道漢語文的建構是以視覺符碼為主，有別於西方語文的拼音符碼，這也是漢字文化圈各國學生與上班族學習英語成功率偏低的主要原因。這個弱點也成為東方企業轉型為全球化營運組織的無形障礙。回顧九〇年代及二〇〇〇年前後，SONY、宏碁、聯想等知名國際企業，在併購歐美企業的品牌、通路時，都遭遇過跨語言管理的障礙，先後嘗過管理外籍人才兵團的苦果。

二〇一二年四月新加坡副總理尚達曼引述「台灣故事」，要求新加坡大學生不要有「人才閉關」的想法，未來要有與世界一流團隊共同工作的準備。其後台灣產、官、學界開始憂心「台灣人才存糧即將耗竭」或是「海外人才庫空」的議題。

大家或許會覺得新加坡人英文好，台灣人英文望塵莫及，所以新加坡企業解決國際化人才問題的方法不可學，那麼讓我們來看看在比台灣人英文還破的日本，三木谷社長是怎麼解決員工英語能力不足的問題。

回顧樂天集團於二〇一〇年五月宣布實施「企業官方語言英語化」時，難度非常之大，甚至掀起很大的外部爭議與內部員工反彈，某大汽車製造商社長還曾就這個問題發言：「員工幾乎都是日本人，而且明明是在日本的公司，卻說只能用英語，真是愚蠢！」而由日本國會到美國CNN、華爾街日報也都在注意樂天這場「Englishnization（英語化）」改革大秀。

這本書就是樂天實施英語化的成果報告。三木谷社長真的辦到了！如之前所設定的目標日期，兩年後（二〇一二年七月一日）樂天全體員工的TOEIC平均分數在一年半內就提升了一六一・一分，達到了六八七・三分，成功地將企業內官方語言從日語切換成英語。二〇一二年錄用的當期畢業生包含秋季錄用的二次就業者，預定錄取三成外國人。英語化計畫也讓樂天更容易由內部培育國際化人才，或由外部與海外延攬優秀的人才。

他究竟是如何辦到的？容我賣個關子，留給讀者自行閱讀。

這本書的每一頁都非常珍貴，可以說就是日本樂天「英語化計畫」的完整紀錄。謹以此文向三木谷社長致敬，他不但是漢字文化圈企業第一個解決「菜英文」與「人才國際化」的先驅者，還毫不藏私地將成功的know-how公諸於世，企業人資人員只要按圖索驥，就得以規劃適合自己公司的「英語化計畫」。

正當台灣政府與企業界推動「三業四化」策略，也就是製造業服務化、服務業科技化與國際化、傳產特色化之時，樂天已為服務業的科技化及國際化做了最佳示範，此書中文版的出版正是時候，建議台灣企業的領導與人資人員不妨將本書視為推動「人才國際化」的參考手冊，上班族則不妨輕鬆地當作閱讀一本三木谷社長的職場小傳。

（本文作者為中華人力資源管理協會常務顧問）

前言

再過幾年，我希望大部分的會議都能以英語來進行。二〇一二年一月四日開春演講時，我第一次在員工面前清楚表達這項期待。

每個人都半信半疑，只當三木谷又開始在說些天方夜譚了。有些員工似乎也認為最後一定會取消。

事隔一個月之後，在公司創業以來從不間斷、每週一早上（現在顧及海外員工而改為週二早上）全體樂天員工都要參加的「朝會」上，我進一步宣布將以英文做為企業官方語言。從此之後，漸漸地，資料會報時要用英語，演講時偶爾也要用英語。從四月以後，這個朝會開始規定全面以英語進行，終於員工們的眼神都變了。

更令他們焦慮的是，我決定將「TOEIC（多益）」的分數納入升遷要件。兩年之內，要是沒達到每個職位所設定的分數，不管多老練的開發工程師，或是多有才能的業務，不但不能晉升，連降職都不無可能。此舉令員工們焦慮得如同熱鍋上的螞蟻。因為發覺我是來真的。沒多久，聽說位於品川的樂天東京總公司附近英文補習班，每間都擠滿了樂天的員工。

樂天英語化計畫經媒體報導後，傳來各界回應。正反意見都有，在嚴厲批評的意見中，有某大汽車製造商社長就這個問題發言：

「員工幾乎都是日本人，而且明明是在日本的公司，卻說只能用英語，真是愚蠢！」

樂天員工與其他公司的友人飲酒時，似乎也常被問起英語化計畫的事。有位跳槽到樂天的員工遇見以前同事，對方還擔心地對他說：「要是英文不行的話，你可以再回來喔！」也聽說有工程師被說：「這樣不是很傻嗎？」而這位工程師回答：「因為傻才要做啊！」

雖然可以預料得到在日本國內會有一定的反應，意外的是，連CNN、華爾街日報等國外媒體也注意到樂天的「Englishnization」。Englishnization這個字彙是我自創的，就是英語化的意思。

國家層級也好、企業層級也罷，截至目前為止，一旦提出要以英語為官方用語的言論，就會有反覆的爭論，這次也不例外。像是說：日本人使用英語對話有意義嗎？不會英語的話，聘用翻譯不就好了嗎？只要那些非得用英語的人講英語就好，根本不用要求全體員工都說英語；即使英語已經講得不錯的人，難道就敢與以英文為母語的人在商業上正面交鋒嗎？英語能勝任的傢伙，工作能力不一定也能勝任，不是嗎？難道寧可要一個會英語卻工作能力不佳的傢伙嗎？……等等。

然而我心裡暗自思量著「只不過是英語嘛！」，為什麼大家要說一大堆做不到的理由？總之，不做做看怎麼會知道？

我暫不理會來自旁觀者的悲觀聲音，逐步展開公司內部的英語化。餐廳菜單內容改成英語一事，在電視或雜誌也曾趣味報導過，然而英語化不僅止於此。公司裡來往的文件、會議上使用的語言，也都階段性切換成英語。讓每個部門競賽多益的分數，每個月在朝會發表前五名及後五名。對於分數無法提升的員工，我們會聘請外部講師開課，或由美國籍員工、英文優秀的日本員工開設特訓課程，或是讓員工到菲律賓進修語言課程。

對於二〇一一年的新進員工，我要求他們要在進公司以前取得多益成績六五〇分。在分發前，這項要求大約有一百七十人沒有達到。關於這些人，我也考慮過在實行官方語言英語化之前，他們可以被任用的層面，所以在分發工作前，我希望他們在公司裡能將學習英語視為工作。其中，雖然有員工耗費了近半年時間，但最後全部員工都達到六五〇分以上，完成工作分發。

這項措施奏效了。在二〇一〇年十月開始施行時，樂天全部員工的多益平均分數是五二六・二分，但是在二〇一二年五月時已經達到六八七・三分了。歷經大約一年半的時間，平均進步了一六一・一分。其中甚至有人進步達四〇〇分以上。

現在樂天裡的會議有百分之七十二都是以英語進行。儘管英語程度不一，但約有一半的員工已經能以英語執行業務，甚至有百分之三十五的員工使用英語與海外子公司及合作企業溝通。

在日本歷史上，像這樣大規模且激烈進行英語化的企業恐怕是前所未見。樂天的英語化，也許可說是一種社會實驗，經過了兩年的過渡期，正式將企業官方語言切換成英語，在將進入七月的現在，我想讓更多人知道這個社會實驗的假設與驗證的內容。

對於英語化，各有贊成與反對的言論。然而，我們暫且不管「理論」如何，總之先做做看吧！無法如願的話，也可以修正方向。那意味著「只不過是英語嘛！」，另一方面也可以是「可是就是英語啊！」之意。雖然辛苦，不過也因為實際上不斷嘗試錯誤，才會了解到很多事情。因此，就藉由本書全部傳遞給各位吧！

為什麼樂天要將企業官方語言改成英語？其理由，一言以蔽之，就是因為國際性企業都說英語。我認為今後日本企業要是不能成為國際化企業就無法生存，相對地，日本企業只要成功蛻變成國際性企業的話，日本就可以再次繁榮。為了日本的復甦、繁榮，我堅信樂天的實驗會有用的。

二〇一二年六月

三木谷 浩史

Chapter 1

宣布企業官方語言英語化

ENGLISHNIZATION

二〇五〇年的GDP（國內生產毛額）預測深具意義

二〇〇九年十一月的某個週末，我參加了一項集訓。集訓主題是關於日本及世界經濟情勢的資訊交流。

其中一位參加者發表了令人震驚的報告。報告是高盛集團經濟調查部門作成的「More Than An Acronym（二〇〇七年三月）」（圖1）。

二〇〇六年，日本的GDP約占全世界的百分之十二。但是這份報告預測二〇二〇年日本的GDP占比將降為百分之八，二〇三五年降為百分之五，二〇五〇年時僅剩下百分之三。

看來在二〇〇六年到二〇五〇年間，日本GDP的世界占比將縮減至四分之一。連美國也不例外，雖然二〇〇六年的GDP占比是百分之三十七，到了二〇五〇年也將掉到百分之十六。

反觀中國，二〇五〇年GDP占比將達百分之二十九而躍居世界第一，印度則以百分之十六居次。日本將從現在的第三名落到巴西、俄羅斯之後，成為第六名。

我試著想像。當日本在世界的GDP占比降到百分之三時，這樣的日本究竟會怎

圖 1：世界當中的日本

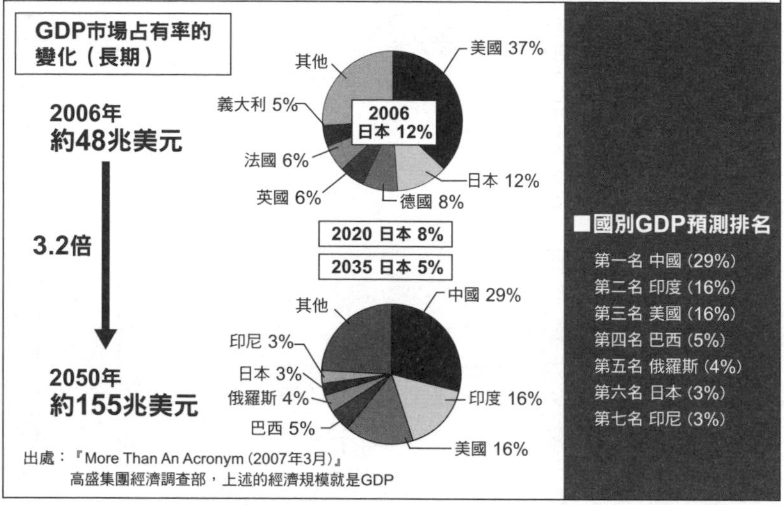

出處：『More Than An Acronym（2007年3月）』
高盛集團經濟調查部，上述的經濟規模就是GDP

樣呀！說起百分之三，也許比現在印尼的GDP占比還低，相當於中國的百分之十～十五。

GDP世界占比百分之三的日本，在世界上所展現的存在感大概相當於鎖國時期，甚至和江戶時代的日本同等程度也說不定。

在日本GDP占比降到全世界的百分之三之前，日本的市場規模也將漸漸縮小。也許有人會說「就算縮小又有什麼關係」，我卻對這樣的想法無法苟同。因為「縮小」與節約根本是兩回事。

但是，遺憾的是，今後要阻止日本在世界上相對地位下滑的趨勢，似乎也相當困難。

我會這樣想的理由之一，是人口減少。

根據國立社會保障・人口問題研究所的推算，日本在二〇一〇年一億二千八百零六萬的人口，到了二〇五〇年會減少百分之二十五，變成九千五百一十五萬人（圖2）。如果只看十五歲到六十四歲的勞動人口，從二〇一〇年的八千一百二十八萬人，減少百分之三十九，到二〇五〇年只剩下四千九百三十萬人。

少子高齡化的問題，在人口如此急速減少下更為突顯。

說到二〇五〇年，距今約四十年之後。也許有人會認為難以想像那麼長遠的事，但二〇五〇年卻是現在二十多歲的人邁向六十歲的時候，而這些人將在比現在更衰退的日本度過他們的老年生活。

二〇三五年，現在十多歲的人剛好三十歲過半。在他們正值年輕力壯時，日本GDP預料將會下降到占世界的百分之五。百分之五這個數據，意味著日本的市場規模將等於全球經濟規模二十分之一的程度。

但是，在此我們換個角度來看。

所謂全球經濟規模的二十分之一，逆向思考的話，世界上存在著日本二十倍的

圖2：日本的人口變遷

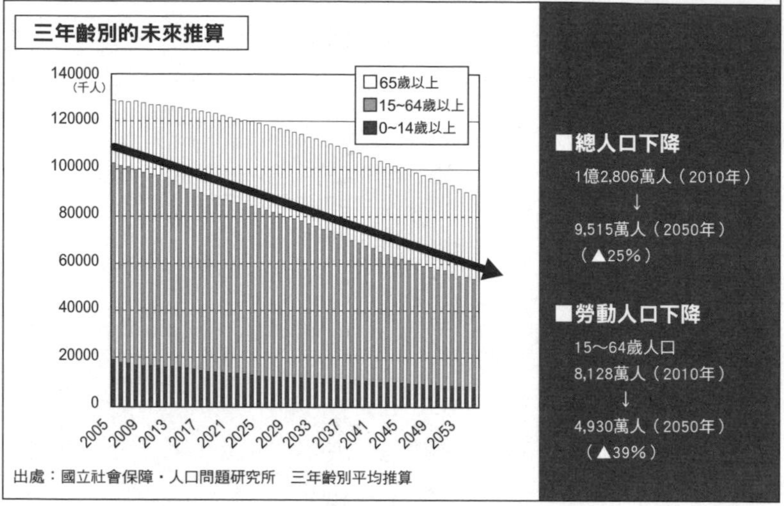

出處：國立社會保障・人口問題研究所　三年齡別平均推算

市場。因此我們有必要認真思考箇中的意義。

韓國三星之所以能在全世界急速成長的最大原因之一，就是韓國國內的市場很小，可以說他們只能往國外發展。

樂天，身處在一直衰退的日本當中，是要滿足於相對強者的地位，還是要成為真正全球化企業？那就是樂天眼前的問題了。

摸索全球化的經營形態

我們要成為全世界第一的網路服務企業。創業以來，對以此為目標的樂天來說，當然答案只有一個，就是往海外發展，成為真正的全球化企業。除此之外，我們沒有第二條路。

全球化的推動，已經不是一個選項，而是務必要讓它實現的生命線。

我一直都在思考賦予日本活力、革新這件事，把它當成是樂天的重要使命。為此，樂天要加速向世界發展，必須先培養好改革日本的體質才行。看了高盛集團經濟調查部門的報告，令我再次體認到樂天必須全球化的必要性。

但是，該怎麼做才更能達成全球化經營的目標？我為此苦惱著。

樂天在二〇〇五年收購了美國聯盟行銷廣告公司LinkShare Corporation，二〇〇八年在台灣、二〇〇九年在泰國，開拓了與日本樂天市場一樣的網路購物商城，進行海外商務交流。可是，發覺到效率似乎並不好。

在思考效率差的原因時，直接面臨到的就是語言問題。

例如，海外子公司或是合作公司的幹部來日本學習樂天市場商務模式的時候。一如往常，日本各部門的負責人與他們之間透過翻譯進行交流。經由翻譯的仲介，彼此意見溝通總會慢一步，不僅少了速度感，最重要的是，讓人很難產生彼此是一體的感覺。

現今公司營運的基礎已經完全IT化了。樂天是網路企業，理所當然，不會像以前用電話或是傳真，我們是以電子郵件或公司內部SNS（Social Networking Service，網路社群互動平台）互相聯繫。

我的訊息都是透過網路，瞬間傳達到國內各分公司甚至是海外子公司，而海外員工卻要透過翻譯才能接收到訊息。

相反地，來自海外的訊息，也要由英語翻譯成日語，才能傳達給日本員工。這樣的程序很耗時，卻也沒辦法。明明就有能取得全球瞬間訊息的基本設備，卻不能夠好好有效運用。

而且，著眼於未來向世界發展，為了要能繼續推出獨特的服務，不能只局限在日本，必須要從廣闊的世界招募優秀人才。但一直以來受限於日語能力，碰到想要延攬聘用的精英，卻往往因對方不會說日語，而不得不放棄，實在是相當可惜。

必須增加更多會說英語的員工。我這樣的想法也因此愈來愈強烈了。

之前的我，認為只要會日語，就可以把商務做得非常好，甚至認為英語是不必要的。對於外國員工，還指示他們要去上日語課程。但是，在樂天要拓展海外發展的實行階段，我這才領悟到，要實現全球化經營，英語溝通能力是不可或缺的。

在二〇一〇年開春演講上，我發表了「蛻變成真正的世界企業」做為二〇一〇年樂天的目標，同時也告訴員工們「幾年後希望能用英語進行大部分的會議」。因為我認為用英語進行會議的話，和海外員工就不會有隔閡了。

不過，只是會議英語化，感覺好像只做了一半。

二〇一〇年正月，我邊看著窗外的雪，心裡隱約感到有些缺憾。創業以來，我們是不是連一次全力衝刺都沒做過？

樂天擁有的能量，是不是連一半都沒有拿出來過？是不是該把油門踩到底，展開全力衝刺的時候了？

企業官方語言英語化的時候到了！

我在二〇〇九年開始寫Twitter（推特，社群網站）。剛開始只用日語發推特文，後來為了方便讓樂天的海外員工閱讀，漸漸也開始習慣用英語。

他們之前都是用翻譯軟體把我的發文譯成英語來看。但是多以體言結尾的短文

（譯註：體言，是日語中具有實質或形式上意思的獨立詞，基本上指可以加格助詞的詞語，像是名

詞、代名詞、數詞等），翻譯軟體也譯得不通順，我想要表達的意思似乎難以被理解。我覺得那樣感覺很差，所以開始用英語發推特文。

令我驚訝的是，一開始用英語發文，訪客數就從一天一千人增加到一千五百人。在資訊的發送力及傳達力方面，我強烈感受到使用英語的效果及日語的極限。

為了樂天的全球化，我希望員工也能將英語運用自如。

但是，究竟該怎麼做才好？就在我苦惱不已時，突然注意到一件事。

那就是，樂天的印度和中國員工們，短短三個月就會說日文。為什麼他們可以那麼快學好一種外國語言？

其中一位印度員工才來日本一年半，他說「最近我的日文變得有點差了」，卻是用無可挑剔的日語發音說的。

不過仔細想想，任何日本人只要在英語圈生活幾個月，大概英語也可以說到某種程度。印度人與中國人能在短期間學會日語的主因，一定也是因為每天都處在日語環境的緣故。精通語言最重要的，就是盡量長期接觸，使用的時間也要夠多。

當時我靈機一動，「啊哈！時候到了！」

結論就是，在公司裡營造出一個能接觸英語的環境不就好了？對了！就把公司的共同語言改為英語吧。

公司裡的文件、會議、對話都不用日語而改用英語。企業共同語言從日語切換成英語。如此一來，雖然在日本生活，卻能快速拉長接觸英語的時間。像這樣子，才是學好英語的最佳捷徑吧！

要是員工全部都能用英語溝通的話，日本員工與外國員工就可以合為一體推動事業，雇用優秀的外國人才也就不必猶豫了。

向全世界拓展業務，腳步也會比現在加快許多。

二〇一〇年二月四日，在朝會前的執行幹部會議中，我對執行幹部這麼說：「下週開始會議就用英語進行吧！」

此外，在之後的朝會，我首次向全體員工宣布企業官方語言英語化。

「阻擋全球化開發與商業發展的，不外就是『語言的屏障』。

「英語不厲害沒關係，笨拙的英語也沒關係，希望大家能認識到，並看準今後國際發展的重要因子，就是英語溝通技巧這一點。

「將服務推向國際化的同時，我也想啟動樂天內部的國際化。

「第一步就是決定以英語做為企業內溝通的語言。我認為，至少在這個場合的發言也應該用英語，甚至連文書紀錄、提案發表的意見溝通都要使用英語。

「對英語生疏的人而言，也許會覺得過於嚴格。但是，所謂『世界企業』就是這樣。要成為『世界企業』，必須要能管理來自世界各國的人。這些人才要用共通的語言，才有辦法討論孕育自世界各國文化的多元創意。那就是『世界企業』之所以成為『世界企業』的理由。

「我想員工升遷要件遲早會引用多益（TOEIC）的分數。雖然英語能力最終只是升遷的其中一個要素，但是為了商務要達到世界水準，還是請大家努力學會足以溝通的英語能力。」

假設

做生意最重要的事，就是提出假設、執行，進行驗證後再制度化。這個程序要是老老實實持續下去，商務方面必定會成長。我深信如此，也一路走來。

一旦以英語做為企業官方語言，員工全體就要會用英語溝通，自然能夠加快樂天海外拓展的速度。這是我的直覺。

但是，把這個直覺當作假設，然後具體化，要是不調整成可以執行的方式，之後就無法驗證，也無法制度化了。

關於公司官方語言英語化，我嘗試提出一個假設。

日本一般上班族為了學好英語，到底需要多少時間？

一千個小時。那，就是我對答案的假設。

為什麼是一千個小時？我參考在樂天的印度員工、中國員工們學到足以溝通程度的日語所耗費的時間。他們大約花了三個月時間學好日語。

我認為在日本企業工作、在日本生活的他們，早晨起床到晚上就寢，每天大概有十個小時接觸日語。經過三個月，他們沉浸在日語的時間，大約就是一千個小時。

一千個小時，拚命學英語且持續努力的話，無論是誰都可以學好英語吧！

那麼，為了湊出一千個小時，一天接觸英語的時間到底要多久才夠？

假設每天，包含幾乎所有的上班時間和休假日，耗費八小時在英語上的話，一千個小時只需要一百二十五天就可以達到，大約四個月左右。只要營造出只能使用英語的工作環境，說不定那就是最好的。

可是，九成員工不會英語。如果工作時間全部一口氣完全英語化，現階段的業務會出現問題，還是只能階段性從日語切換成英語。

就現實面來說，為了湊出一千個小時，到底需要多長的時間？出社會工作，不管上什麼班，就算再忙碌，一天兩小時或一小時接觸英語的時間應該還是擠得出來。這樣一來，大約兩年就會超過一千個小時。一年的話時間太短，三年時間又太長，如果考慮今後海外拓展的速度，似乎兩年的時間剛剛好。

如此思考過後，我將企業官方語言由日語切換成英語的時間訂為兩年。決定自二〇一〇年五月算起的兩年後，從二〇一二年四月開始，樂天將正式把公司內共同語言轉換成英語（但是，後來由於二〇一一年三月十一日發生東日本大地震，遂將當初的預訂日期延後三個月，英語化正式切換日期變更為二〇一二年七月一日）。

員工的反應

員工們的反應不一。有的人像是受到驚嚇，也有的人冷靜接受英語化，並視為理所當然。

因為我宣布考慮將多益分數納入升遷要件，所以也有想不開的工程師說：「要是英語害得我無法升遷，也許就只有離開公司一途了。」另一方面，也有員工積極抓住鍛鍊英語能力的機會。

總而言之，年輕的員工似乎都會往好的方面去想。也可能是因為年輕人大學畢業沒多久，腦子裡還殘留著在校學習英語的記憶吧。順便一提，樂天員工平均年齡是三十一歲。

當然，最開心英語成為公司官方語言的，莫過於在日本國內的外籍員工，以及海外子公司的員工們。

相反地，資深員工則對英語感到棘手。對他們而言，學生時代已是遙遠的過去，離開英語學習已經相當久，事到如今，要再記憶新的語言，確實是項沉重的負擔。

後來我了解到，英語化帶給一部分員工龐大的壓力。也因此，我企圖修正軌道，調整了幾個方法，而那些稍後會再提到。

宣布兩年後企業官方語言英語化之後的第一週，執行幹部會議所提出的資料和提案都已經切換成英語。那是為了要實踐「請自隗始」（譯註：請自隗始，自己做榜樣，自願帶頭之意）。

第二週也是，以相同的形式進行執行幹部會議。但是從第三週開始，包含執行幹部會議裡相關提案之外的討論，全部都英語化。

會議中的提案計畫，就算出席前一晚將發言內容全部背下來也可以。即使記起來很辛苦，總還是能夠過關。也有幹部請下屬寫好英語腳本，然後在會議上直接念出來。

傷腦筋的是會議上的提問。如果剛好對到事先想好的問答倒還好，但也可能會接收到出乎意料的問題。要能夠以英語臨機應變地回答，個人語言的表達能力就變得很重要。

對英文感到棘手的幹部們，在陳述自己意見時，頻頻發生說不出話，或是結結巴巴的狀況。在那個當下，常常流動著尷尬的氣氛。幹部當中有人想部分用日語說明，也會嘗試詢問：

「這裡可以用日語嗎？」

不過，我的回答是「NO」。無法用英語表達，問我「可以用日語嗎？」，我一概不接受。當然，日本法定的文件及適用國內顧客的服務用語、文件等，沒辦法翻成英語或不該翻成英語的，只好使用日語。除此之外，全部都要用英語才能過關。

取而代之的，對於發言吞吞吐吐、欲言又止的幹部，在他沒說任何一句話之前，我會一直等著，或者我會說：「你想說的意思是不是這樣……？」幫助他找台階下。

一開始沒辦法是必然的，重要的是，首先讓大家習慣使用英語的會議。

四月首次全面用英語進行的幹部會議，整整耗費了四小時。花了平常兩倍久的時間。雖說如此，在樂天，原本開會就習慣抓重點，進行過程迅速確實，就算切換成英語，也沒有理由非得延長時間。

日籍同仁用英語交談，剛開始難免有人覺得彆扭，但也很快就習慣了。

員工全體參加的朝會，四月起也全部切換成英語。

Globish（全球語）是共通語

雖說要將企業官方語言英語化，但要以什麼程度的英語為目標？因程度目標不同，學習方法也會改變。因此，我宣布企業官方語言英語化時，也向員工們說過「英語不厲害沒關係，笨拙的英語也沒關係」。我想詳細說明這一點。

樂天的日籍員工也算在內，大部分的日本人，都認為如果不是發音完美、文法完美的英語，就無法讓對方理解。日本人英語能力無法進步的原因之一，就在於這個迷思。

但是，談到全球商務之所以能在世界普及，是因為有不同於母語水準的英語。以新加坡、印尼為首的亞洲各國商業人士，講的英語都有嚴重的口音，文法也未必正確。儘管如此，他們還是在全球拓展商務。即使發音、文法不夠漂亮，還是可以充分溝通。

母語非英語的人所說的英語叫做「**Globish**」（提倡者是**Jean-Paul Nerrière**，尚保羅·奈易耶），或者稱為「**English as a Lingua Franca**（**ELF**，全球共通的英語）」，也有人稱它為「**World English**（世界英語）」。

樂天要做為企業官方語言的，嚴格來說，並不是所謂的「英語」，而是「**Globish**（全球語）」。不像以英語為母語者所說的英語，撇開比喻及幽默，而是以簡單英語表現的**Plain English**（簡明英語）。這件事必須先說清楚。

商務上使用的英語，會經常用到日常生活不常出現的專業用語或特殊語彙。反過來說，只要記住它的專業用語及特殊語彙，在商務上的溝通就不用擔心了。即使系統開發也是如此。記住每個部門的常用字彙，學好工作上用得到的英語，這就是第一步。相較於商務上的溝通對應，無法預測、任何話題都可能冒出來的日常對話，可能還要更困難也說不定。

然而，使用簡明英語，有些必須用母語才能表達的微妙語感，透過母語以外的語言能夠傳達嗎？或許有些人會擔心那樣的情況。

的確，像外交談判的場合，要是沒有一字一句，連細節部分都慎重表達的話，有可能會損及自己國家利益。有時也會歸納出模擬兩可的結論，似乎說「YES」或「NO」都可以。因此，要用母語以外的語言，表達到那樣的程度，是相當困難的課題。

實際上，世界上的政治領袖幾乎都擅長英語，但是在外交談判時，絕對要用各自的母語表達，經過口譯，進行意見交換。

可是，一到下午茶時間，大家又用英語互相聊天。那就是我在二〇一一年五月參加法國舉辦的八國高峰會議時，親眼所見的情景。

對話中微妙的語感扮演著重要角色的例子還有一個，那就是戀愛。在戀愛的進退上，具備高度且複雜的語言能力是必要的（當然，公司同仁在業務之外竊竊私語，和說日語的顧客在社外溝通，或是有必要用日語提出法律文件等情況，我並不會要求也要英語化）。

但是，商務就是另外一回事了。對話中微妙的語感，我反而會覺得是阻礙。

企業與企業之間各有盤算的談判過程，就跟外交談判一樣，由於可能得留下曖昧不明的談判結果，理所當然需要英語能力超強的人來擔任，但是在一個企業裡面，不能有，也沒必要有曖昧不明的交流。

我設定一些標準，達到標準就做，未達標準就不做，而將這件事徹底反覆考量的就是做生意。或許有時也會失敗，不過到時再修正就好。總之，徹底追究論點之後，再下判斷，是相當重要的事。這也是樂天向來所秉持的商務進行方式。

也許就容易分辨黑白這一點，英語是很適合用在商務上。

「『是』或『不是』說清楚」，很難想像用日語說這句話的情景；而「直接了當說『YES』或『NO』」，就算在日本也是很平常。或許是在日本原本就沒有讓黑白劃分清楚的觀念吧。

做生意是簡單的。製作物品、製作目錄、提供服務，然後相對地，請你付費。這就是基本商務。

當然並不是使用日語就做不成生意。只不過，我認為藉由英語的溝通，是讓做生意變簡單的有效辦法。

為什麼需要全體員工學好英語？

雖說是因為要實現全球化經營，為什麼全體員工都要學會英語？只要從事經營管理層面的幹部和必須用英語的部門員工學好英語不就好了嗎？例如，集結擅長英語的員工，組織一個「全球化推動團隊」，由他們來做國內外的橋梁。

但是，我不認為只要幹部和部分員工學會英語就好了。我想要追求的是全體員工學習英語的方法。

樂天有資訊共享的文化，從創業時期開始，每週一次的朝會，全體員工都要參加。一直以來，我都會在朝會時間告訴大家，從合資公司到大企業，我和海外高層管理之間互動的所見所聞，或是分享詳細的業績資訊或戰略等。在朝會上，也會由各事業部門負責人分享最近的業績、活動情況、成功案例等。希望以這樣的模式，讓全體員工對經營也能有參與感，持續培養出真正的夥伴。

迄今，樂天透過這樣的朝會，將某部門運作成功的方式移植到其他領域，或是藉由全體員工一起分享失敗案例，提升樂天整體的競爭力。在人事方面也一樣，讓懂得活用技巧的員工，一一分發到樂天集團各分公司，從樂天市場到樂天旅遊、從樂天旅遊到樂天信用卡，我們稱之為「橫向展開」。

單靠我或一部分幹部所得到的資訊是不夠充分的，所以由上而下的「縱軸」，還有同階層同仁共有的「橫軸」，再加上「斜面」同仁的資訊分享，都是必要的。

今後，跨越國界，必須將這個橫向展開運作下去。從日本到台灣、從台灣到泰國、從泰國到印尼、美國、法國、德國……然後再到日本，我打算以這樣的方式啟動橫向展開。因為這樣做，我們所能提供的服務水準應該還可以再上升一個或兩個等級。

那是無關乎職位、部門，全體員工努力學好英語的目的。

再稍微具體地想過一遍。的確，每個部門對英語的需要大不相同。

例如系統開發部門的員工，從以前就有很多機會感受到對英語的需求。由於技術方面的資訊幾乎都是用英語寫的，要是沒有一定程度的英語能力，就無法獲得最尖端的技術訊息。

對系統開發部門而言，外國人加入自己團隊也是常有的事，所以說英語的機會也比其他部門的員工多，因此他們有將英語做為共同語言使用的必要性。

但是，也有顧客全是日本人，業務上只需要用到日語的部門。連那種部門員工也需要說一口流利的英語嗎？實際上，公司裡也有這種意見：「明明幾乎只用到日語，為何非得用英語不可？平時業務忙翻天，根本連念書時間都沒有。」以現在的業務來看，幾乎不必用到英語的部門，最典型代表就是營業部。

但是，即使現在把重心放在國內營業活動的人，將來也有可能會成為美國、印尼、英國等地的營業課長。而考慮到這個可能性，應該就會預想到要先學好英語。

不只如此，在樂天市場設店鋪的店家，也有不少人想要擴展海外銷售管道。

「請告訴我怎麼做才能在美國、歐洲、亞洲暢銷？」

「怎麼做才能從海外進口產品？」

這些期待，樂天該如何回應？樂天透過「樂天大學」，提供店家線上購物的各種專門知識，但是店家當中也有這樣的聲音出現：「請在樂天大學教我英語。」

在樂天市場，已經有在海外月營業額超過二百萬日幣的店家。我想月銷售達千萬日幣以上的店家也指日可待。

樂天完成了無論身在日本何處，都能進行商品販售、進貨的系統。為了將這個系統拓展到世界，還能做些什麼事情，是我今後必須好好思考的。

總之，光是要將樂天這個企業國際化就有說不完的話題。由於未來樂天提供的服務將跨越國界，屆時樂天市場裡參與的店家也都會跟著全球化。在描繪樂天的未來藍圖時，若只是因為現在仍以國內業務為中心，就以為光會日語已足夠應付的想法，會不會顯得太過於膚淺？

樂天的營業中心，對樂天市場的店家提供各式各樣商品買賣技巧的電子商務（EC，E-Commerce）諮詢服務。將世界最新的趨勢，像身體肌膚般吸收之後，再對顧客說明這件事，就是電子商務諮詢最重要的工作之一。因此，為了迅速獲得世界各地的資訊，也為了成就自己，英語是必要的。

不只是日本當地的資訊與經驗，使用英語才能擴大世界觀，並藉此展開與以往截然不同的商務水準。

雖然現在在營業部門，說不定將來會異動到企劃部門、戰略部門或系統開發部門。為了及早適應工作環境，在自己將轉任到使用英語溝通機率相當高的部門之前，還是趁現在先把英語學好。

營業部門也好，系統開發部門也好，現在屬於哪個部門都不重要。為了實現跨國界的橫向展開，全體員工必須要學會英語，與全世界的人溝通，分享自身的經驗及專業訣竅。

為了達到那個境界，因此企業官方語言要英語化。

組成英語化計畫團隊

二〇一〇年五月一日，我為了推動企業官方語言英語化，組織了計畫團隊，取名為Englishnization Project。Englishnization就是「英語化」的意思，這個字是我自創的。

主要成員是樂天國際戰略室的余繼光（Kyle K Yee）、人事部的葛城崇、採用育成部的藤本直樹。各部門都設置推動英語化的小組長，團隊全員共八十名。

Kyle是二〇〇一年進入樂天的。在之前，他是在日本知名的英語學校培訓英語教師，並且負責編寫教科書。過去就曾以個人名義召集有志員工，開設英語課程，是率領英語化推動計畫團隊的最佳人選。

葛城與藤本不是歸國子女，也沒有海外留學的經驗，卻很擅長英語。他們雖然待在日本，卻能學好英語，一定用心苦讀過，因此應該懂得學習的技巧，希望他們能把這些技巧運用到這個計畫上。

公司裡的宣傳組也扮演重要角色。在透過公司內部網路發布的電子刊物，大幅增加有關英語化的報導。例如訪問員工，暢談成功案例、甘苦談，以及使用英語的魅力，聽聽海外子公司的聲音或其他國家、企業的實例，或者介紹公司內部問卷調查等。深入了解員工面對公司內官方語言英語化的態度，同時也希望維持並提升英語學習的動機。

另外，每個月在公司實施好幾次多益團體測驗（TOEIC IP測驗），員工可以免費參加考試。它的營運由樂天集團的「樂天社會事業股份有限公司」（特別子公司）支持。這個公司，是為了讓各種身障同仁有能夠發揮工作能力的勞動就業環境，創造雇用機會而設立（不適用於企業官方語言英語化）。

如前所述，我假設企業官方語言英語化的必需時間為一千個小時。話雖如此，但真的可能做到嗎？

一直以來日本人學習英語都相當辛苦。要是考慮到在校的上課時間、預習和複習的時間，平均一天花一小時學英文的想法是可以成立的。這樣一年約有三百五十個小時。所以國中、高中、大學的十年期間，算起來就有三千五百個小時。

花費這麼多時間，照理說每個人都應該會說英語才對，可是並沒有，所以我認為日本的英語教育絕對難辭其咎，這個說法一點都不為過。不過關於這一點，我打算之後再談。

總之，儘管在英語學習上花費那麼長久的時間，大部分日本人還是沒有學好英語。不知道是否是這個原因，讓「英語不好也是沒辦法的事！」這個想法，在很多人的心裡根深柢固。

但是，我認為那只不過是一種迷思罷了，學英語應該有更具效率的方法。

我想透過樂天的英語化，探索那個方法並加以制度化。

我有預感。

這是在日本史無前例的實驗。

兩年之內要讓七千名以上的日本員工精通英語，真能實現嗎？

也許我太瘋狂了。但是，唯有讓這個實驗成功，樂天和日本才有可能存活下來。

來吧！實驗開始囉。

Chapter 2

樂天英語化計畫啟動

ENGLISHNIZATION

▼▼國際事業戰略說明會

「本來我還煩惱著這個說明會是否要用日語舉行，但是因為樂天正在進行Englishnization，所以後來決定會議還是全程以英語進行。」

二〇一〇年六月三十日在東京舉行的「樂天國際事業戰略說明會」（照片1）上，我做了這段開場白。

之前透過電視、報紙等媒體的報導，樂天正在進行的企業官方語言英語化，在某種程度已經算是眾所皆知了，但是這次的說明會才是樂天首度正式對外公開發表這項英語化計畫。

我們絕不是為了要宣告英語化計畫才召開這個說明會。關於未來樂天該如何拓展海外業務？這才是我們想要向媒體及投資人說明的重點，也是舉辦這場會議的最大目的。

順道一提，除了國內取向的服務之外，會議後的決算說明會也將以英語舉行，並且提供同步翻譯。之所以用英語進行會議，是因為透過現場轉播觀看與會的海外投資人也相當多。

列席在「樂天國際事業戰略說明會」台上的，是電子商務領域的樂天海外子公司同仁和合作廠商的主管。

自二〇〇二年開始，樂天以亞太地區為中心，在海外設立了樂天旅遊分公司；二〇〇五年收購美國聯盟行銷廣告公司LinkShare Corporation，正式進軍海外市場。

照片1：對外正式宣告英語化

電子商務方面，則在二〇〇八年二月與台灣統一超商股份有限公司合資（樂天持股百分之五十一、台灣百分之四十九）開設「台灣樂天市場」，向海外合作跨出第一步。

二〇〇九年，收購泰國最大電子商務網路平台TARAD.com。

二〇一〇年五月，與旗下擁有印尼傳媒巨頭MNC（Media Nusantara Citra，整合媒體）的全球領先媒體（Global Mediacom）合資（樂天持股百分之五十一、Global Mediacom百分之四十九），一年後（二〇一一年六月）在印尼成立「樂天線上購物（Rukuten Belanja Online，簡稱RBO）」網路商城。

一方面進軍台灣、泰國、印尼等國，拓展亞洲各地的海外市場；二〇一〇年七月也跨足歐美，收購美國Buy.com、法國的PriceMinister，兩者分別為美國、法國電子商務企業的龍頭。

列出這些堅強陣容，是希望大家看了能了解樂天海外發展的來龍去脈，以及未來計畫如何加速邁進。而二〇一〇年，正是樂天開始卯足全力往海外發展並擴大規模的重要年度。

我在演講中曾經提過：「海外發展，對樂天並非選項，而是義務。」同時也宣布，二〇〇九年要將原本在樂天集團事業內只占百分之幾的電子商務海外交易，提高占比到百分之七十，全球流通總金額以二十兆日圓為目標。透過日本「樂天市場」在海內外的分身，將服務擴展至無國界，日本的中小企業就有機會將商務延伸至全世界，並且提供在「樂天市場」開店的日本店家一個將世界當作買賣市場的機會，平台使用者就可以從世界各地購買到商品。

這個說明會是在六月舉辦，之後我耳聞樂天內部似乎瀰漫著一股騷動不安的氣氛。因為在那個時候，我已經決定要求將多益成績納入員工升遷考核的要件。

多益測驗成績為升遷考核要件

樂天每年六月、十二月會定期發表內部人事升遷。我在二〇一〇年六月修訂人事制度，並且向員工公告，從十二月的定期人事升遷開始，會正式將多益成績納入員工評比。

在那之前，因為只說過「有這個計畫」，似乎有員工認為不會執行，也有的員工根本不當回事。貿易公司的話也就算了，但樂天大部分的員工，想都沒想過未來會被追究自己的英語能力，反正都已經進來了。

然而，事實上多益成績已變成自己未來能否升遷的關鍵要素。似乎到這個時候，不少員工才恍然大悟，有了些危機意識。

多益測驗，是為了母語非英語的人所施行的英語溝通能力檢定測驗。聽力與閱讀各一百題，全部兩百個問題必須在限定的兩小時內完成，最高分數是九九〇分。

結果是經由統計處理計算出來的，每次考試難易度落差很難影響到分數。就算偶爾試題簡單，也會因為正解率攀升，不會出現特別好的分數。所以，一般認為多益成績可以正確反映出受測者的英語能力。

其實，我們嘗試過各式各樣的英語檢定測驗，相較之下多益測驗的精密度相當準確，不會發生僥倖考高分之類的荒唐事。

多益測驗，在世界上一百二十個國家，每年約有六百萬人報考，日本在二〇一一年度報考人數約二百二十七萬。以貿易公司為主，將多益成績用在人事選任及考核的企業也很多。順帶一提，在韓國的企業中，還有將新進員工任用門檻設定在多益分數九〇〇分以上的。

我從不以為藉由多益成績就能準確無誤地測出個人英語能力。不過，因受測人數多、實際運用在員工考核的企業也多，所以我確認現階段將多益成績納入升遷考核要件是值得肯定的。

還有更重要的事。那就是，藉由多益成績（儘管有限制），個人英語能力是可以用數據來掌握的。

樂天至今都是採用KPI來管理掌控組織營運。「KPI」就是Key Performance Indicator的縮寫，日語叫做「重要業績評價指標」。

為了達成工作目標，首先必須先確認自己處在哪個位置，為此才用KPI將目標數據化。

任何大目標，都是由累積小目標而達成。假設以成為世界第一的網路服務企業為大目標，那麼一個業務每月要談成幾份合約才行？如果以數據表現這些結果，每個月去確認的話，到底有多接近大目標就可以一目瞭然。做成數據的好處，就是即使再籠統的目標都可以「能見化」。

對於樂天英語化計畫團隊，我冀望他們能找出提升員工英語能力的科學方法。因此，管理組織營運的KPI化、能見化等技巧也要徹底運用在英語化上。

舉個例子說明，就是每個部門的會議、文書、內部溝通究竟有多少英語化？用百分比來顯示（KPI化），每月一次，在朝會上發表（能見化）。接下來，另一個例子，就是將多益成績當成員工個人英語能力KPI化、能見化的指標。

更具體來說，如圖表（圖3）所示，按照各個階級（職銜等級）設定目標分數，根據距離目標分數的差距以顏色分類每個人所屬區塊，而AAA級群組代表高階主管階層、AA是中階主管、A是初階主管、BBB是助理經理、BB以下則是無職銜的一般員工。

例如將AAA級的高階主管目標分數設定在七五〇分以上（執行幹部是八〇〇分以上）。超過七五〇分的人以綠色分類，六五一到七四九分以橘色分類（距目標分

圖 3：TOEIC 分數別區塊之定義

紅色區塊：距目標分數差距 200 分以上
黃色區塊：距目標分數差距 100 ～ 199 分
橘色區塊：距目標分數差距 1 ～ 99 分
綠色區塊：目標分數以上

等級	紅色	黃色	橘色	綠色
AAA	-550	551-650	651-749	750-
AA	-500	501-600	601-699	700-
A	-450	451-550	551-649	650-
BBB	-400	401-500	501-599	600-
BB	-400	401-500	501-599	600-
B	-400	401-500	501-599	600-

數差距一到九九分），五五一到六五〇分之間以黃色分類（距目標分數差距一〇〇到一九九分），分數在五五〇分以下（距離目標分數二〇〇分以上）就以紅色來分類（實際上多益測驗是用五分為測定單位）。這種顏色分類在市場行銷策略上也經常會用到。

要是無法通過各個階級設定的目標分數，也就是顏色分類不是在綠色區塊的員工，二〇一〇年十二月以後，是無法升遷的。這個就是將多益成績納入升遷考核要件的意義。

六月，由於還有些員工沒有多益成績，因此我要求全體員工在十月以前都要參加多益測驗。

應該自費學習

我開始認真看待英語學習，應該是大學畢業之後，在日本興業銀行（現在的瑞穗銀行及瑞穗實業銀行）工作後不久的事。因為想利用興業銀行留學制度之便，到哈佛商學院留學。由於之前學成歸國的學長們一席話激勵了我，所以我選擇追隨學長到哈佛大學進修，想要成為活躍於世界各地的商人。

每天早上我六點半出門上班，一到公司就直奔興業銀行設在地下室的LL教室（Language Laboratory教室，為了外語學習而配置視聽設備的房間）學習英語，直到上班時間的八點二十分為止。午休也都是盡快吃完飯，然後花三十分鐘念英文；而下班除了去喝酒的日子之外，時間也全都耗在英語學習上。雖說當時是泡沫經濟的全盛時期，幾乎每天都會出去喝酒應酬，但對於新進員工而言，一天要擠出一、兩個小時念書也並非難事。

每週上一到兩次英語課，並請外國籍好友的夫人來擔任我的個人家教。週末也都在念英文。走路時我會戴著隨身聽，邊走邊聽ALC（Associated Liberal Creators）的「聽力馬拉松（Hearing Marathon）」（譯註：這套聽力訓練課程共一千個小時，由語言學習機構ALC發行錄音帶和CD，據說一直聽一直聽，聽力就會進步）。

在工作後一年半左右，全心全意的努力終於開花結果，我通過了申請留學美國大學所要求英語能力的多益成績門檻。經過銀行內部選拔考試，在進入銀行的第三年，我達成了去哈佛商學院留學的心願。

為了留學而花費在英語學習的費用，全部都是我自己籌措的。我想當初就是因為要自掏腰包，所以才會設法學好英語吧！

最初，我也想過希望樂天的員工自費去學英語。

二〇一〇年英語化初期，員工上英語學校的學費，公司之所以不負擔，就是這個原因。大致上，學費由企業支付這個選項曾經討論過，卻不見得一定要那麼做，因為我認為自己花錢才會提高學習英語的認真度。

不過，有幾間英語學校在交涉後，學費有幫員工打折。但後來聽到有「（樂天所在地品川）附近的英語學校因樂天員工而爆滿」，或是「我想去英語學校，卻因為忙得不可開交，抽不出時間去上課」這樣的聲音，所以請英語學校派遣講師，利用公司內部的空房間，盡量讓員工們能上到英語課程。

再者，對於每天花四十到五十分鐘的時間測驗，馬上可以得知結果的線上檢定考試CASEC（Computerized Assessment System for English Communication），不僅由企業支付測驗費用，也建構完成員工全數都能免費測驗的系統。接下來要不要學習就看員工了，因為公司已經在英語學習的環境設備上設想周全。

另一方面，五月員工餐廳的菜單、六月員工證上的記載也會改成英語等等，企業內部也在階段性地進行英語化。同時開設了「Rakuten English Words」（樂天英語單字本）這個以員工為取向的網頁，收錄了企業內頻繁使用的英語表現與單字，只要上網搜尋就可以找到。

七月二十四日在董事會議上，將企業官方語言訂定為英語載明在樂天集團的章程裡。此時，邁向英語化的道路已經沒有回頭路，員工們應該也漸漸感覺到這個趨勢了。

運用競爭原理

到了十月，員工們的多益成績數據就陸續齊全了。

平均多益成績為五二六・二分。一般而言，大學剛畢業的新進員工多益成績為四五〇分，以企業水準的平均分數來看，五二六・二是個不好也不壞的數字。

但是，不管屬於哪個階級，都要求分數須達到六〇〇分以上，因此有一大半員工無法達到目標分數。

不過，因為這只是剛起步而已，一開始分數再怎麼低也無可奈何，重點是今後多益成績要成長到某個程度。

員工每個人都有自己的多益成績，所以算是過了「能見化」的第一階段。接下來，為了有效率地提高分數，該怎麼做才好？

我們所採取的戰略，大致分為兩個方向，其中之一是導入競爭原理：與其他物種相互競爭，獲勝的物種才能存活下來。適者生存，然後開始進化，這個生物界的規則也適用於企業，員工同儕相互競爭才能讓企業進化下去。

然而，在英語化計畫上，我要推動的並不是以員工為單位，而是以事業部門為單位的競爭。當以團隊來努力完成任務時，人才會發揮最大的潛力，這是我多次領悟到的經驗。另外，我也企圖讓它具備趣味性，使得員工可以一邊享樂，一邊推動英語化。

樂天集團，除了樂天市場之外，還有樂天旅遊、樂天書店、樂天拍賣、樂天銀行、樂天證券、樂天信用卡、樂天電子錢包等多元發展的企業。我打算讓這些事業各部門以多益成績相互競賽。

首先，每月一次在朝會上發表紅色、黃色、橘色、綠色各區塊的百分比，這樣哪個部門、哪個區塊的人究竟有多少就很清楚。接下來再進一步公布事業部門平均分數最佳和最差的前五名。

以這樣的方式才會激發各個事業部門之間的競爭心，登上最佳五名的會很開心，而進入最差的五名自然也會很懊惱。如此一來，第二名下次會想把成為第一名當成目標，要是進入最差的五名，就會設法擺脫而發憤念英文吧！

有一次朝會上，報告樂天銀行及樂天證券各自的多益平均成績都成長了。樂天證券的總經理說：「下次要打敗樂天銀行。」換成樂天銀行的總經理上台後，也不甘示弱地回應：「絕對不會輸給樂天證券，而且要更上層樓。」雖說是競爭，卻沒有殺氣騰騰的詭譎氣氛，藉由玩遊戲的感覺，大家一起愉快地將提高分數做為努力的目標。

為了提高分數，有事業部門規定每天一小時「完全不用日語」，也有獨自聘請講師開讀書會的，而各事業部門採行的做法也會在朝會上發表，以達到「能見化」。

我們可以發現，上司很積極的事業部門，下屬的多益成績自然就會相對提高。

成功案例的橫向展開

讓分數成長的另一個戰略，就是「資訊共享」。

過渡時期開始，孜孜不倦學習的員工之中，有好幾個人的多益成績出現戲劇性的變化。在朝會聆聽他們的成功經驗談，整理過後，也成為員工之間共享的資訊。而在商業上成功案例的橫向展開，說不定也可以應用於英語學習上。

舉例來說，有位樂天拍賣的女性員工，二〇一〇年五月多益成績是五二〇分，九月就進步到七一五分，短短四個月提升了一九五分之多。據說她參加專攻多益測驗的補習班，每週一次（兩個半小時），總共上了八堂課，而且每天念四小時英文，一週加總學習時間約二十小時以上。

例如，在上班通勤的四十五分鐘記憶單字、做聽力練習，午休四十五分鐘繼續記單字，返家時間的四十五分鐘練習聽力，晚餐後二小時是單字、文法，就寢前的十五分鐘做些閱讀，依自己狀況規劃像這樣的學習計畫表。

總之，就是將自己決定的範圍在期限內念完。像單字一週記憶四百到五百個，聽力、閱讀每天練習一到二小時，文法教材每星期看完一半……等等學習方式。尤其，同事間要是能互相確認學習進度，似乎也會更有效果，因為只有自己進度落後的話，一定會想辦法迎頭趕上。

也有沒去英語學校而讓多益成績提升不少的員工。一位在樂天市場從事服務開發的男性員工，當年五月的多益成績是四九〇分，但在二〇一一年二月就取得六七五分。他是利用任天堂DS「加強多益測驗DS訓練」的軟體，或是藉由線上學習網站等方式學英文。

針對聽力，則是利用蒐集各種線上資訊，並且運用機器聲音朗讀、以動畫解說的「Qwiki」網站；閱讀方面，就以英語新聞網站做為學習工具。他還在午休的一小時、回家後二到三小時學習英文，並將每天要完成的讀書內容貼在Twitter上，在上面發文「要做喔！」來自我鞭策，提醒自己要衝刺，或是使用Google試算表製成的檢核表公開檢驗。

另外，也有一邊養育兩個孩子一邊刻苦讀書的女性員工。下面介紹的這則員工真實心聲，之前曾在公司內部電子刊物刊登過。

因為我有兩個小孩，在家裡幾乎很難念書，只能利用來回二小時的通勤時間學習。在站著等候電車時，用iPhone熟記單字或是練習聽力；運氣好，有位子坐的話，就拿出教材、碼錶和筆來做題庫練習。

我採用的學習方式很注意時間掌控，所以對多益測驗規劃的策略，是「把TOEIC五大項的考古題在下車前二十五分鐘內解完」。甚至為了多一點點讀書時間，我還會特意坐上每站停靠的列車，並在搭手扶梯時站著不走動，只是想要多擠出背一個單字的時間。

英語的學習相當費時，成果也不會立刻顯現，因此我想最重要的是「維持動機」。以我的情況來說，才剛休完產假，一回到工作崗位，就面臨企業官方語言英語化的變革。

為此我下定決心，要是不能超越目標分數，就乾脆辭掉工作，然後才開始努力學英文。因為我的想法是，沒有壯士斷腕的決心，就不會全力以赴，如果連這點都做不到，其他事情也一定無能為力。想證明「就算是職業婦女也做得到」的意味挺濃厚的噢！

自從我的多益分數超過六五〇分，朝會的英語演講開始聽得懂；考過七五〇分之後，英語讀寫也開始變得流暢，這時候我確實感受到多益的學習和工作真是密不可分。由於工作上要負責培訓海外管理人，使用英語的機會非常頻繁，一年前我連寫封電子郵件都要花很多時間，現在也已經應付得來了。今後，我打算加強訓練英語會話，讓自己的溝通表達能夠更加順暢。

在通過目標分數以前，報紙、雜誌、書、電視、電影等娛樂全都暫停，我把那些娛樂的時間都用在學習英語了。

公司內部刊物會盡可能大量介紹這些成功案例。對苦於在英語學習上停滯不前的員工們來說，如何運用零星時間、如何維持動機的方法等等，應該都會是相當不錯的借鏡。

歐吉桑的爆發力

再介紹一個成功案例，這位男性執行幹部的年紀已經四十歲過半，他是在二〇一〇年一月進入樂天工作。

進樂天之前並沒聽說要英語化之類的消息。工作一個月後，公司宣布決定英語化時，我為之震驚。畢竟距離當年考大學，我已經有二十五年沒碰英語了。因為對英語不拿手，還待在前公司的時候，如果聽到有人說「是個機會（opportunity）」之類的英語，我就會跟他回說：「這裡是日本，請說日語。」

二〇一〇年首次參加多益測驗，我考了四百分，距離我的目標分數八百分，還有四百分的差距。對我而言，要拿到這樣的分數，簡直是遙不可及。老實說，那時候我真的走投無路了。那年六月，過去老同事看到三木谷先生在《東洋經濟》雜誌的評論：「不會英語的執行幹部，我將在兩年後開除。」還擔心地對我說：「你可以再回來啊！」

我一邊期待三木谷先生會打消念頭，恢復使用日語，一邊為了應付多益測驗，開始在兩間英語會話學校上課。每星期上四堂課，採一對一教學，但耗了半年時間，我只考到五百分。投資了時間與金錢，卻還是沒看到明顯成效，我心想若繼續這種學習方式，只在上課時才打開課本，也許行不通。

之後，我去上了特別加強多益測驗的英語學校，那裡的教學相當嚴格，這才讓我「認真學英語模式」的電路正式啟動。平日一至二小時，週六、週日則是十小時，我每週最少花二十五個小時學英文。我有個孩子在念國中，但和孩子期中考、期末考前的讀書時間相比，我覺得自己還更用功，所以我曾生氣的對他說：「你啊，不覺得老爸比你還認真念書嗎？」週末時，我跟家人說：「就當我不在這裡吧。」然後就開始發憤念英文了。

最後，他在二〇一一年一月考了七六〇分，然後在六月拿到了八三〇分。

想在一天裡擠出幾個小時念書，一定要提高工作效率、減少睡眠，或是犧牲私生活嗎？他的情況，由於擔任執行幹部，出席以英語進行的會議也格外地多，而且工作上用到英語的情況相當普遍，我覺得他之前很辛苦，但這次也是他一個好的學習機會。

樂天的員工和幹部們，每個人都各費心思，集中精神致力於英語化計畫。總之，大家真的都很拚！

學習語言最困難的，也許是教材及學校的選擇。大部分的人，為了找到符合自己程度的教材或學校都傷透腦筋。

尤其是英語的教材，參考書、線上教材及應用程式等琳瑯滿目，英語學校也是形形色色。針對這個部分，英語化計畫團隊向分數有驚人進步的員工請益，分析什麼樣的教材或英語學校，實際使用或上過課是有成效的，之後再統計出結果，並以多益分數區別，整理出最適合的教材及學校資訊，依不同領域（語彙、文法、聽力、口語表達、作文）及媒介（參考書、E化學習、學校等等）分類，再將資訊分享給全體員工。

學習英語也許就跟鍛鍊肌肉一樣，給肌肉負荷過與不及，不是肌肉拉傷，就是達不到效果。選不會太輕、也不會太重的啞鈴做訓練，反而更能看到成效。所以，選擇難易適中的教材和學校，在英語學習上非常重要。

因為競爭原理、資訊共有，我們將員工的學習環境安排妥當，致力維持大家的學習動機。但是，員工開始積極學習英語的契機，可能是二〇一〇年十二月的定期人事升遷。

正如六月時預告過的，十二月定期人事升遷已將多益成績納入升遷要件。因此，達不到目標分數而無法升遷的員工確實有幾個人，而這情況讓不少員工驚覺到：「下次說不定連自己也會升不上去，這已經不再事不關己了。」

但是，在定期人事升遷發表的四個月後，二〇一一年四月超越多益目標分數的綠色區員工，僅約占全體員工百分之二十九，而距離目標分數差距一百分以上的黃色區、紅色區員工合計達到百分之六十一點六（但與二〇一〇年十月相比，全體員工平均分數提高了四十分左右）。

也許是三月十一日發生東日本大地震的影響所致。我們將企業官方語言英語化的正式切換日期，自原本預定的二〇一二年四月延後三個月，從二〇一二年七月開始實行。

哈佛商學院個案研究的衝擊

二〇一一年八月底，樂天被納入哈佛商學院（Harvard Business School，簡稱HBS）個案研究發表的論文。題目是「Language and Globalization:『Englishnization』at Rakuten（語言和全球化——關於樂天的英語化）」。

在哈佛商學院，傳統個案研究很受重視，學生們會把企業實況的事例當作資料，一邊反覆討論，一邊學習經營管理。

論文執筆人是哈佛商學院助理教授采戴爾．尼利（Tsedal Neeley），探討樂天的企業官方語言英語化。

尼利為了做個案研究，自二〇一一年三月起對樂天員工進行問卷調查，這份問卷題目高達數百個，在填寫時還對受測者進行訪談。

論文的發表是在八月底，但在那之前，我已經得知尼利的調查內容。

它讓我受到嚴重打擊。因為尼利帶來的資料裡面，紀錄著員工們赤裸裸的意見，而其中有許多是我從未聽聞。

某員工說：「大部分同事對Englishnization都很反感。」然後又說了這一段：

「忙碌的工程師幾乎都很不滿，也對英語化的決定感到困惑。得知不管工作上如何勞心勞力，只要不會說英語，就完全沒有出頭機會，讓他們失去了對工作的熱情。也有人說『英語是用來解雇人的工具吧！』，我認為他們並不明白三木谷社長的真正企圖，但未來人事一定會有所異動。不會說英語的員工，無法在會議上發言，也會覺得自己比別人遜色。會議上，有人意見被採納時，我也想過：或許不是因為內容有遠見，而是那個人的英語表達能力太傑出了。」

還有其他員工提出質疑：「工作已經忙得不可開交了，而且根本完全用不到英語，要怎麼做才能改變他對事情的看法（英語是不可或缺的工具）啊？」

或許是工作上不會用到英語的部門，累積了對英語化的不滿吧。其中還有人事部經理的意見：

「他們為樂天辛勤工作，明明已經為公司帶來龐大利益，卻因不會說英語而無法升遷。有很多員工即使再有才能、真誠且熱愛樂天，多益分數都還是只有二九〇分。他們真的沒時間學英語，只能在週末念書。」

個案研究收集到的員工意見，裡面贊成英語化的聲音很多，但確實也有強烈不滿。英語化計畫會造成員工的負擔，我其實有這個心理準備，卻沒想到員工們的壓力會這麼大。

我想我有必要重新評估英語化計畫。

語言與全球商業

據尼利表示，以樂天Englishnization所做的個案研究，是二〇一一年哈佛商學院個案研究中被閱讀次數最多的，聽說還受到學生們「全壘打級」的關注。

這項個案研究，被用在MBA（管理學碩士）課程第一年的必修科目中，上課時討論狀況相當激烈，甚至還有學生哭出來。為何它會引起那麼大的情緒反應？

「很有意思的是，學生們把圍繞在語言上的問題當作自己的問題後，立刻就能理解。他們有學習母語以外語言的艱苦經驗，因此對這個題目，表現出我們哈佛商學院教師陣容至今從未見過的關心程度。事實上，學生大約有百分之三十五是海外留學生，而留學生們談到這項個案研究，感覺就像是在描寫自己的事。

「樂天設定了企業官方語言改為英語的期限，以及未達公司所規範條件的員工有遭到降職的可能。關於這件事，有學生表示事情要積極進行也只能這麼做，還有學生說全球化企業的英語化是必須吞下的『毒藥』。但另一方面，也有學生認為樂天的做法太過嚴格、太具攻擊性等。討論都集中在這一點。

「透過討論，學生們對全球化有更深入的思考。在企業裡也好，在公司外部也好，要是那裡的人沒有能力互相理解，加入世界大部分市場的可能性還會存在嗎？這問題答案是無庸置疑的。語言能力是為了達成全球化所必備的最基本能力。」（尼利）

尼利在對樂天做調查之前，也調查過為了全球化而導入英語的法國或德國企業。

為了達成全球化，把企業的溝通語言統一為英語，是世界性的趨勢。

尼利分析樂天的Englishnization有下列特徵：

「為了全球化戰略的雄心，『捷足先登』的用意強烈，以當作準備對策的重點。還有讓英語能力提升方面，不是選單一部分的群組，而是要全體努力這一點。尤其，將電子商務做為平台，要發展以技術為基礎的商務企業，我著眼在全體員工同心協力這一點。為何如此說呢？這個領域，未來在哪個群組、或與哪些人一起工作，在現階段是難以預測的。」

「捷足先登」的官方語言英語化，在歸納出樂天管理理念、行動方針的「樂天主義」裡，最貼切的字彙就是「準備周到」吧！一直以來，我盡可能在發生任何事之前，預測未來狀況，提早施行對策因應日後變化。英語化也是其中之一。

哈佛商學院的個案研究告訴我，非英語圈的企業要從地方企業脫胎換骨，發展成為全球化企業，不能逃避英語化問題。同時，也告訴我這個對策在員工之間會衍生的痛苦。

我想樂天的官方語言英語化實驗，不僅對日本是有意義的，或許對世界來說也深具意義。

Chapter 3

英語就是工作

ENGLISHNIZATION

不分發，專心學習英語

對於二〇一一年的新進員工，我要求他們在進公司之前，多益測驗成績要拿到六五〇分。

但是到了四月就職時，全部四百五十八位新進員工中，只有二百一十四人通過標準，有二百四十四人尚未達成。新人研修結束，直到分發工作前，也還有一百七十人沒達到目標。

因此，這一百七十人暫時不分發到任何單位。取而代之的，我讓他們利用上班時間學英語。

當然，這段期間他們只負責學好英語，而我照樣付薪水。

也就是說，我要他們把學習英語當成工作。

當初，學習英語基本上都是由員工自動自發，但是放任自主的方式卻漸漸走到一個瓶頸。

哈佛商學院助理教授尼利那份調查，讓我清楚地看到一些狀況。如前章所述，對原本英語就不好的員工來說，英語化計畫對他們造成很大的負擔，尤其那些因為工作忙碌，沒辦法抽出時間進修英文的員工，心中的不滿更是不在話下。因此，我覺得必須向員工再次強調：英語，是重要的工作之一。

未通過標準的新進員工不分發到各部門，就是為了讓他們能專心學習英語。

四月中旬到五月之間，我們每週都辦多益團體測驗（六月以後每月二次），先將分數「能見化」，便於進行KPI管理。

透過多益測驗，掌握聽力、閱讀、文法等各項目成績，讓協助英語學習的負責人，根據分數找出每個人學英文的罩門，再就使用教材和學習方式，一對一提供有效的建議。這種諮詢服務我們稱之為「Beat TOEIC（打倒多益）」。

而經過幾次測驗後，弱點在哪顯而易見。根據英語化計畫團隊的分析，這些員工最大弱點在於語彙能力不足。因為所累積的單字量不夠多，在聽力、閱讀上自然拿不到好分數。

為了解決語彙能力不足的問題，英語化計畫團隊還辦了「多益常見單字背誦測驗」。

由於通過標準的人陸續分發到各部門，未達成目標的人數日益減少。五月舉行「背誦測驗」前，剩下一百位新進員工未達分發標準。所謂「背誦測驗」，就是一早將大家集合在一個會場，花一個小時學習一百個單字（照片2）。

然後進行測驗，在八分鐘內答完一百題，確認記住單字量有多少，最後必須答對九十題以上才算過關。

過關的人座位會移到前排，可以繼續挑戰下一回合。

沒有通過的人就留在原位，繼續背原來那一百個單字。

經過一個小時，再次舉行測驗。像這樣不斷重複，歷經十回合，每關一百個問題，總共要答完一千個問題，才算是完成「背誦測驗」，之後才能做自主性學習。

之所以每通過一關就換座位，目的是為了提高測驗趣味性。最快的人花兩天，最慢的人大約兩星期，最後終於全員通過測驗。

此外，率領英語化計畫團隊的Kyle，還開辦英語課程，內容涵蓋文法、單字、閱讀長篇

照片2：參加背誦測驗的新進員工

文章、聽力等多益測驗項目。這些課程也一樣，不是在上班時間以「外」學習，而是在白天上班時間「內」開課。因為，這是當成工作的英語學習。

六月下旬起，英語化計畫團隊還將部分沒通過標準的人派到海外進修語言，地點就選在菲律賓的宿霧島（照片3）。

照片3：宿霧島的語言學校

會選擇宿霧島的主要原因，是因為成本比較便宜，只要到歐美地區的四分之一，而且和日本時差只有一小時，這一點也很具吸引力。

結果派到菲律賓的進修組，從多益分數成長率來看，和留在日本的學習組相比較，顯然成效不彰。不過，在軟化對英語的抗拒感上，卻有顯著效果。回國後，即使之前從沒開口說英語的人，也會自己積極主動用英語進行交談。

經過這一連環推動，未達到分發標準的新進員工大幅減少，在七月即將結束時，只剩下二十三人。

支援計畫的充實

因為公司的支援計畫，而獲得充實的對象，並不只是新進員工。

我重新檢視要員工自費學習的想法，二〇一一年五月起，引進內田洋行的多益線上學習課程，免費提供給全體員工，這樣一來，員工即使工作繁忙，只要利用線上學習，就可依個人狀況規劃適合自己的學習方案。

舉辦企業內部研討會，對學習英語的方式提供建議，或邀請多益測驗出題者解說測驗重點，協助想學英文卻不得其法的員工，了解可以從哪裡開始著手。

此外，有些員工很賣力工作，對樂天有重大貢獻，卻因多益分數較低影響升遷，為此我們也規劃了「升遷候補訓練計畫」，將其中多益測驗未達目標分數的員工集合起來，邀請英語學校講師在上午八點半到十二點為他們授課——意思就是：「其他工作先放下，上午請好好學英語」。

另一方面，區塊別的支援計畫也有所進展。如前章所述，區塊，是以每個階級（職銜等級）設定目標分數為基準，然後看分數與設定目標分數的差距來決定的。例如距離目標分數差二〇〇分以上的用紅色、差一九九分到一〇〇分的用黃色，差九九分到一分的用橘色，而通過目標分數的是用綠色來做分類。

距離目標分數最遠、陷入苦戰的紅色區員工，有義務接受公司安排、由英語學校講師主講的多益課程，並且參與相關函授教學；對於黃色區的員工，公司則提供外部講座、線上學習等選項，任他們自由挑選。

而對已達成目標分數的綠色區員工，我希望他們將學習重點轉移到口語訓練或是寫作訓練。

其中一項口語訓練，已開始啟用Versant的檢定測驗（譯註：Versant English Placement Test，澳洲教材公司提供的線上簡易英語檢定）。這個測驗主要用來判定口語能力，一次十五分鐘，可以透過電話受測。實際上，很多全球化企業都有在用這個測驗。

其他支援計畫，還包括線上教材免費提供、安排部分員工免費參加菲律賓的語言進修。

多益測驗將英語能力數據化，非常適合用在KPI管理，並且有助於養成學習習慣。

但是，單靠多益，是不夠的。像有人就靠著解題技巧，在測驗中拿到高分，但那跟英語能力無關，也和學習英語的目的背道而馳。我們要的是能使用無礙，走到哪裡都能和人溝通，而不是追求怎麼解題、拿高分。不過，話雖如此，多益測驗本身還是很有利用價值。畢竟光憑解題技巧，也不能保證得高分。

未來，為了要讓員工學會英語簡報、談判、擬定文件等，提供更進一步訓練是勢在必行的。多益測驗的目標分數只不過是個過境點罷了。

英語化計畫是初期投資

英語化計畫，是企業全球化的初期投資。現在先投資樂天英語化，他日成效絕對加值回饋，所以我調整了先前要員工自費學習的做法，改為由企業投入經費，部分員工甚至可以在上班時間學習英語。

但是，當部門內有人挪出上班時間去學英語，他所耽擱的業務就得由其他同仁協助分擔。雖然英語化計畫團隊事前已知會該部門：「因為特別英語課程必須借出人力」，也盡力協調各部門的理解及合作，但不可否認，還是會造成各部門龐大的人力負擔。

特別是，要讓升遷候補這類「工作能力很強」的員工暫離工作崗位，整個上午專心上英語課，光是調度人力填補這塊缺口就要大費周章（雖然也曾有過暫代職位的下屬，因此發揮過去未被發掘的本領，而讓我們有了意外收穫）。

但即使如此，這個計畫我一定要堅持到底。這就是「樂天主義」中所揭示的「Get Things Done」（堅定信念）。

到目前為止，樂天總是設定「稍微超過」的目標，不斷地超越、突破，才能持續成長茁壯。

高難度的目標，能夠激發出每位員工最大的潛能。不是想著做不到的藉口，而是思考如何做才會成功——正面迎接挑戰，才能登上高峰。設定不痛不癢的目標，員工與團隊都不會有所成長。

企業官方語言的英語化，對日本企業而言，是極高難度的目標，也是前所未聞的實驗。

我認為營造氣氛很重要。

除了在企業員工面前不厭其煩地說明英語化所代表的意義，同時也盡可能不讓「不會英語的員工就是差勁的員工」這樣的氣氛產生。即使現在英語一竅不通，有恆心、願意努力，一定可以學好。公司各部門只要有人正在與英語奮戰，部門的全體同仁都要支持他。我盡力營造這樣的氣氛。

常常有人問我，英語化給員工如此龐大的壓力，難道業績不會因此下滑嗎？

坦白說，業績的確有下滑，不過這只是暫時的，若是和英語化後所得到的好處相比，這點業績實在太渺小，更何況我們在中長期絕對會扳回一成，所以「貫徹到底」是必要的。

英語化是展現全球化認真度的信息

英語化的投資報酬已經有回饋了。

其一是，實現加速拓展海外市場。如第二章開頭提到的，在二〇一〇年七月收購美國Buy.com、法國的PriceMinister，將美國與法國的電子商務事業納入樂天的事業版圖。

二〇一一年更進一步加速拓展海外市場。

六月，和全球領先媒體（Global Mediacom）在印尼合資成立的網路購物商城「樂天線上購物（Rukuten Belanja Online）」正式啟動。

同月，收購巴西提供電子商務平台的企業龍頭Ikeda Internet Software為樂天子公司（二〇一二年四月開設網路購物商城「Rakuten.com.br Shopping」）。

七月，收購德國電子商務企業龍頭Tradoria。

十月，收購英國電子商務事業巨擘Play Holdings。

十一月，宣布收購以加拿大為據點，在全球超過一百個以上國家提供電子書平台服務的Kobo。

像這樣急進地向海外發展，如果沒有開始進行英語化計畫的話，是絕對不可能實現的。

想像一下被收購者的立場，立刻就能明白道理何在。用日語舉行的會議，即使出席了，也很難融入其中、感覺自己是企業裡的一分子。就算整個會議過程有翻譯，但當下無法立即溝通，怎麼樣都會產生孤立感。最糟的狀況，或許就是讓這些甫加入集團的新成員，對在日本企業、日本人下面工作感到悲觀。英語化，就是要營造出「大義名分（譯註：正當的理由，行為的依據）」這樣因全球化而形成的公平環境。

我想要實行的是因全球化而一體相連的經營管理。

要是沒有開始進行英語化，也許有些收購無法拍板定案。

在進行洽談時，我們必定會邀請收購公司的高層來到東京總公司，讓他們看到我們以英語開會的實況。我們的英語還有待加強，會議也不是進行得很順利，但他們也許會因此感受到：「樂天是真心想成為世界第一的網路服務企業，這樣就能一起為全球化奮戰下去！」

通常收購案敲定後，被收購的企業經營者多數會選擇離開，但是樂天收購的企業經營者幾乎都留在原本的工作崗位。原因就是，我們使用全球商業通用語（英語）的身影，映在他們的眼中，留下了深刻印象。

以英語做為企業官方語言的公開宣言：「樂天要成為全球化企業！」這句話傳達出的意象深植人心，還大大發揮作用了，不是嗎？

從二〇一〇年開始的幹部集訓，沒有翻譯介入，全程使用英語，在海外幹部之間廣受好評。營造出外籍幹部及員工在會議上能自由發言、溝通無礙的環境，是邁向全球化不可或缺的重要環節，這個環節若是無法超越，聘用外籍幹部就毫無意義。日本企業一提到全球化，就很容易用上位者的角度，一味想著「把自己的經營向全世界展開」，但這樣單方面認知是不夠的。想要廣納在地人的意見，讓彼此想法得以交流，將英語做為共同語言，是一條勢必要走上的道路。

隨著收購的海外企業增加，員工們使用英語溝通的機會自然而然也增加了。因為和海外的電子郵件、電話往來都增加，所以有外國人出席的會議當然也跟著增加。反之，純粹只有日本人參加的會議驟減許多。

英語化，確實改變了日本員工的國際觀及感覺。不僅能與海外即時交換資訊，能做更進一步的討論；此外，教育員工不再是以研修方式，而直接用OJT（On Job Training在職訓練，與「研修」不同的實務培訓）進行人員培訓。

在此之前認為英語和自己無關的員工，對於英語的必要性與日俱增，也開始有了切身感受。而企業官方語言從日語切換到英語的「準備模式」，未來也將持續往「執行模式」發展下去。

「能為而不為」與「難為而不為」

也許這聽起來有些似是而非。

要是樂天幾乎全體員工都能用英語工作，就沒必要將企業官方語言改為英語了。要是每位員工任何時候都能自由切換日語和英語，日本同仁就可以不用特意用英語開會，只要視情況分別使用日語與英語就好了。

但是我要求員工們，即使只有日本人的場合也要使用英語，儘管會影響工作效率也要這麼做。

韓國的三星（SAMSUNG）及LG（Lucky Goldstar）要求新進員工，必須具備優秀的英語能力才能達到任用標準，所以他們即使進到公司後，還是不斷致力提升英語能力。

他們的程度應該任何時候都能切換韓語及英語而達到溝通。

三星及LG並沒有將企業官方語言改為英語，但是幾乎全體員工都有隨時切換雙語、完成業務的能力。而且，也都在世界各地設立分公司，進行符合在地狀況的經營。

在企業全球化之際，如同他們一般，「雖然會英語，但是用母語工作」，我並不在意。但是，「因為不會英語，所以用日語工作」，這種狀況對國際化企業來說是要不得的。「能為而不為」和「難為而不為」，兩者相差甚遠。

另外，外資企業的日本分公司中，也有「能為而不為」的地方。海外企業想要在日本發展，都寧可把全球化的事物轉成本土化，而那正是日本分公司扮演的角色。他們與總公司溝通用英語，但主要業務內容若是日本國內的營業開發，使用英語的機會就少之又少。

樂天的情形則是相反，現在正積極向全世界擴展事業版圖。而且，樂天是網路企業，也是服務企業，一旦要向海外拓展，資訊共有、資訊蒐集及傳送訊息等，所有不得不使用英語的狀況會持續增加。雖然日本是總公司，帶著樂天的商務模式到海外，和當地幹部進一步配合在地狀況本土化時，總公司的樂天幹部必須與海外當地的幹部密切合作。因此，某種程度大家還是要會說英語才好。

在全球化企業中，全部員工都會說英語，這種情形是無庸置疑的。但是，在二〇一〇年五月開始認真執行英語化計畫之前，樂天內部可以用英語溝通的員工只有一成，大部分員工都不會說英語。要怎麼做，才能讓全體員工都會說英語呢？

我歸納出來的答案，就是企業官方用語的英語化。

例如，會議上必須使用英語，要是放寬條件通融，說用日語也沒關係，要他們學會英語反而難上加難。不只限於英語，如果沒在某段期間接觸外語環境，人是學不會外語的。

讓自己置身在只能說英語的環境。如同第一章所述，我認為那是學會英語最有效的方法。

企業官方語言英語化，是為了將員工全體轉換成會說英語狀態的過程，也是以全球化為目標的企業所避免不了的過程。

紅色區演講

二〇一一年七月的某日，我在齊聚一堂的紅色區員工們面前做了這段談話：

今天，請多益分數在紅色區的員工們集合在這裡。現在，紅色區的人數全部有七百二十人。

我的目標是，沒有落後者，讓紅色區全體同仁成為綠色區。

為何英語化如此重要？我想再次做個說明。

網路是第八個大陸。截至目前為止，大家都知道的是，歐洲大陸、亞洲大陸、非洲大陸、北美洲大陸、南美洲大陸、澳洲大陸、南極洲大陸等七個實際的大陸。而網際網路雖是虛擬的，但是大家不得不思考它是確實存在的第八個大陸。

然而，日本的手機、家電用品要是一直無法在第八個大陸登陸，就會落後於七個實際大陸。

這是一個光有硬體設備難以倖存的時代。日本的市場也在持續縮小當中。因此樂天今後只能全球化。

但是，從實質面來看，日本的服務企業中，還沒有一個成功轉型全球化的企業。

迄今日本能夠稱得上全球化企業的，是製造業。

但是，五年前曾被視為世界知名品牌的日本大製造商，如今也被三星取而代之了。

怎麼會那樣呢？那是因為三星的員工們，如往昔的中國人一般，積極進行海外發展、在地本土化，生氣蓬勃地發展三星的商務到現在。

另一方面，不僅是日本的商業面，就連政治面，也不斷失去在世界上的存在感。

但是現今，樂天正迅速進行全球化。

特別是在系統開發部門，外籍幹部一個個加入工作團隊。而在你們之中，應該有些人的上司也是不會說日語的外國人。

日後，像這種狀況會在企業內不斷擴大。因為這樣，我認為我們所得到的利益也相當龐大。

我知道有人有這樣的想法：「讓會英語的人去做不就好了嗎？」或是「只要外國人在的時候用英語不就好了？」

可是我的想法沒有中間模糊地帶。「全部使用英語」或「完全不做」，兩者取其一。

說到為什麼，那是因為語言不去用就無法精通。

我覺得即使是日本人，只要把人送到海外去生活，就算現在再怎麼不會說英語的人，幾個月之後，或是一年之內，應該就能用英語溝通了。可惜的是，

圖 4：亞洲圈的 TOEIC 分數

從 1998 年到 2005 年為止，日本的分數幾乎不變

1998 年

國家	平均分數
中國	505
台灣	476
韓國	475
日本	448

2005 年

國家	平均分數
中國	573
韓國	535
台灣	530
日本	457

Source：ETS TOEIC Worldwide Data, 1998, 2005 Reports

我沒辦法將近一萬名的員工送到海外。

那麼，怎麼辦呢？企業內的會議使用英語、文書紀錄也用英語，唯有藉由這麼做，才能快速增加各位接觸英語的時間。

看這二〇〇五年的數據，中國的多益平均分數是五七三分，日本的平均為四五七分（圖4）。根據一九九八年的數據，中國的平均是五〇五分，日本的平均是四四八分。日本的分數幾乎沒有什麼變化，而中國的分數卻大有進步。

這是很嚴重的問題。因此，樂天必須率先進行英語化來改變這個現狀。

我想這個計畫要和大家一起貫徹到底才有意義。

雖然話說得不客氣，多益成績不在標

準以上的員工要全部開除，這是可能的手段。但我若不這麼做，就無法讓全體員工都通過。到目前為止，我很尊重自主學習。當然，還是以自主學習為基礎，不過我們也會想些辦法讓你們能通過標準。

現在，紅色區是七百二十人，才（二〇一一年）七月開頭而已。以樂天式的管理，希望到年底紅色區塊一個人都沒有。

大家一定要一起通過喔！麻煩大家了，謝謝。

——樂天提出了「團結一致」做為樂天的品牌概念之一。我之所以執著在「全體員工」，也是因為要實踐這個「團結一致」的概念。不只是高層主管，連幹部都表示贊同之後，先帶頭說英語，然後以全體員工參與的形態進行。因為只有高層主管一廂情願，是不可能實現的，所以為了讓幹部或員工能真心接受，歷經好幾次的說服是必要的。我堅信，唯有集結各個成員的力量，朝向整體方針前進的組織，才能將成功掌握在手中。

Chapter 4

樂天英語化期中報告

ENGLISHNIZATION

期中報告

從二〇一〇年五月開始正式實施的英語化計畫，至今大約經過兩年時間。距預定將企業官方語言從日語全面切換成英語的目標日期二〇一二年七月一日，已經只剩下非常少的時間了。

二〇一一年進來的新員工，後來的多益成績全部都達到標準的六五〇分以上；而二〇一二年的新進員工，錄取條件是七三〇分，但現在他們的多益平均成績已經超過八〇〇分。此外，二〇一三年徵人的基準條件，內定錄用時至少要有六五〇分，到正式進入企業工作前則應達到七五〇分。

我先用數據來說明樂天到目前（二〇一二年四月）為止的英語化進度，但在此之前想先請大家注意的是：此處所顯示的數據，還是目前英語化計畫進行中這個暫定階段的數據，樂天的英語化現在仍在進行當中。最初，我做了一個大膽假設，設定企業英語化所需的時間是一千個小時，但還不確定這個假設是否能成立。不管怎麼說，我就根據這個假設來執行計畫，至於驗證，就當作今後要進行的課題。

請先在心裡有了這個概念以後，再來看下面這個圖表（圖5）。此圖表顯示的是

圖 5：英語化的進展

	文件		會議		企業內溝通		
	日報表	會議資料	經營團隊參加的會議	部門層級的會議	給經營團隊的電子郵件	部門內只用英語溝通（每週最少一小時以上）	英語化平均比例
2011年4月	78%	73%	59%	51%	58%	74%	65%
7月	88%	83%	67%	57%	62%	83%	74%
10月	88%	82%	68%	61%	67%	81%	74%
2012年1月	89%	83%	71%	62%	68%	83%	76%
4月	90%	84%	79%	65%	78%	80%	79%

■…70% 以上

企業內文件、會議、各方面溝通管道的英語化比例，以月份為單位來表示。從圖表中應該看得很清楚，文件的部分進步相當神速，而會議部分也在逐漸進步當中。

企業員工的多益平均分數也持續順利成長（圖6），二〇一〇年十月平均只有五二六・二分，過了大約一年半後，二〇一二年五月已經到達六八七・三分，提升了一六一・一分之多。

接下來的圖表（圖7），紅色、黃色、橙色、綠色等各區塊所占人數比例，則顯示每個月如何發生變化。其中沒有分數的，或落在紅色區、黃色區的員工，在英語化計畫當中被稱為「瀕臨危險群

圖 6：全公司員工 TOEIC 平均分數的推移

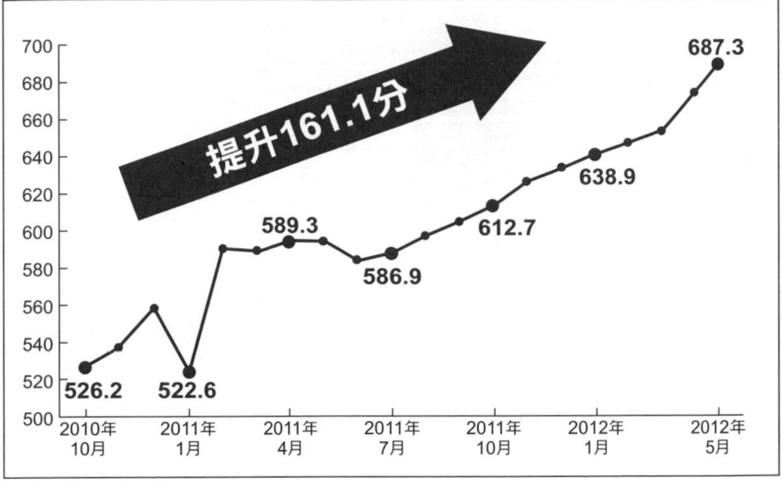

（At Risk Group）」，而從圖表清楚可見，二〇一一年三月還有百分之六一點六的瀕臨危險群，到了二〇一二年五月只剩下百分之九點二，其中紅色區只有百分之二點二。

不過，雖然達成目標分數的綠色區已經占了八成，但從另一方面來看，包含只差一小步的橙色區在內，仍然有大約兩成的人尚未達成目標。

也就是說，有些事業部門已經能夠完全達成目標，包括文件、會議和內部溝通幾乎都能百分之百英語化，然而也還有一些部門的少數員工未能達成目標，因此，文件、會議和內部溝通的英語化仍有些困難。

圖 7：顏色區塊變化圖

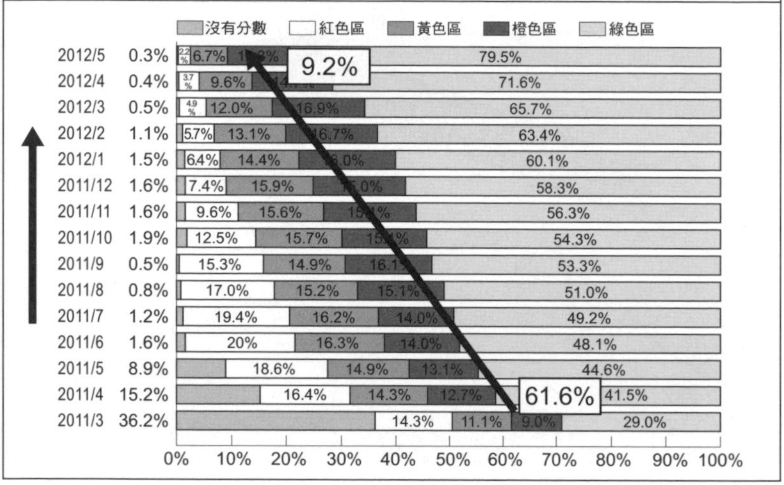

考慮到這樣的狀況，在將企業官方語言切換成英語的過程中，我們仍保有相當的彈性，例如，承認某些部門單位的特例等，留下一些轉圜餘地。

以七月做為一個分水嶺，樂天的企業官方語言即將正式切換成英語，一路走來，我們始終朝著階段性、落實英語化計畫的方向在進行。

七月之後，公司會議若是要以日語召開，必須要先獲得我的許可。說不定這樣的政策將造成會議次數大幅減少，不過我想那樣可能對提升生產力更有幫助。目前以英語開會比例大概是百分之七十二，我希望從七月起，再花一年左右的時間提升到百分之百。

「聽、說」仍是最大課題

公司的宣傳組在二〇一二年二月二十八日、二十九日進行了一次問卷調查，這也是英語化計畫中的一環，他們在樂天總公司、仙台分公司、大阪分公司、福岡分公司發出問卷，詢問「現在你的英語程度能應付到什麼程度？」，總共得到三百六十份有效回答。結果是這樣的：

問卷項目包括以下十二種選項。

「打招呼、口頭上的自我介紹」、「能閱讀並理解各種報告與共同資訊」、「能製作日報表等例行報告」、「能回應電子郵件」、「能製作會議與簡報資料」、「一起吃飯喝酒時能隨意聊天」、「能運用資料做簡報」、「能接受並理解上司的口頭指示」、「能接電話（轉接、留話）」、「能以口頭指示部下並說明業務意圖」、「能參與會議並發言」、「能夠面談、談判、進行商談」。

問卷調查結果以圖表（圖8）呈現。愈上層的項目，表示可以事先準備的成分愈高，愈下層項目愈需要臨機應變的能力。如圖所示，自我介紹、製作日報表、回應電子郵件等，屬於單向溝通且可以事先準備的項目，回答「可以做到」的比例比較

圖 8：員工英語程度

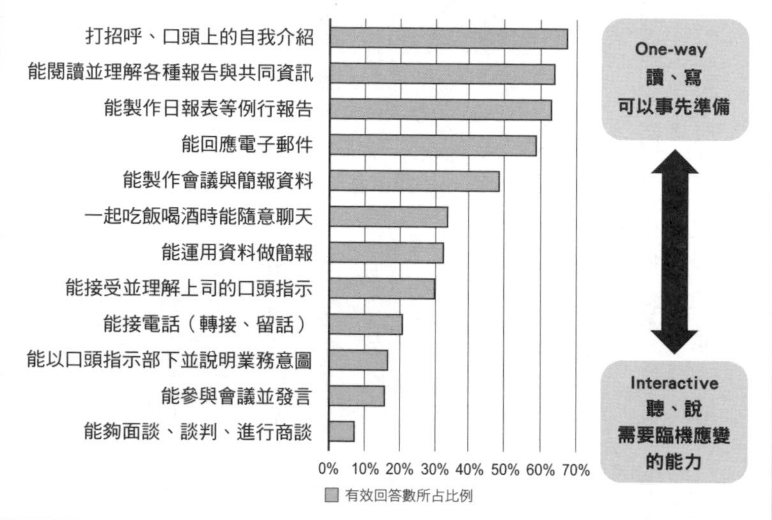

高；相反的，在會議上發言、接電話、與上司屬下進行業務對話等，需要雙向溝通並且迅速應對的狀況，很多人就沒有自信了。也就是說，大家雖然已經能「讀、寫」，但還不太能「聽、說」英語。

這個現象顯示：達成多益的目標分數，雖然能將英語能力提升到某種程度，但英語「聽、說」的能力仍不夠充分。

即使聚焦在多益分數達到綠色區塊的員工身上，還是看得到相同的傾向（圖9）：百分之七十以上的人回答「讀、寫」方面「沒問題」，但對於「聽、說」似乎還是覺得滿

圖 9：全體員工與綠色區員工之比較

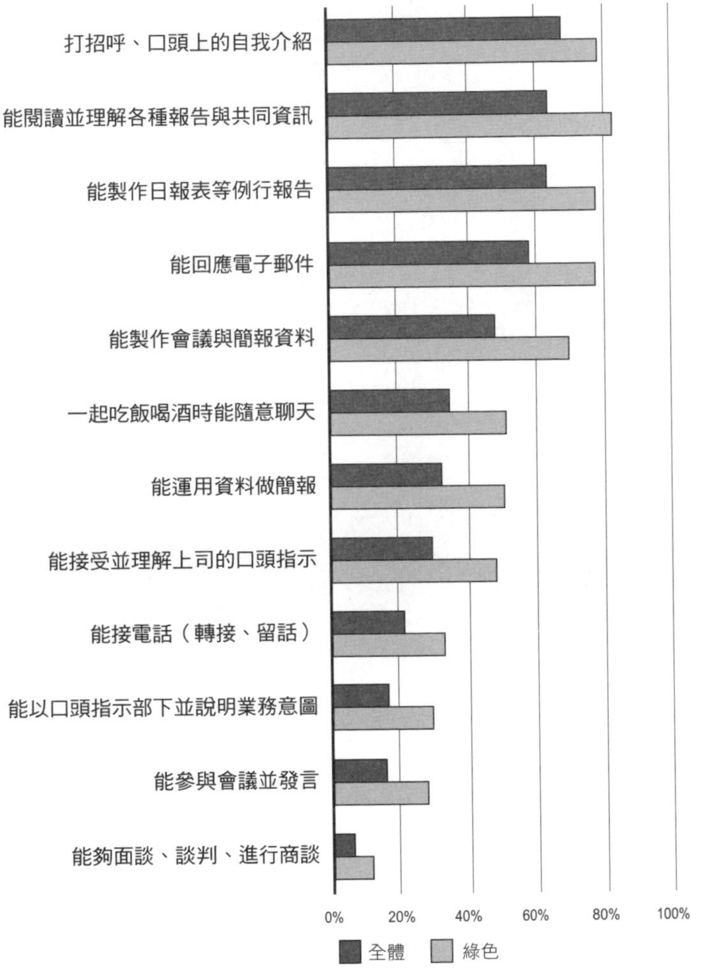

打招呼、口頭上的自我介紹
能閱讀並理解各種報告與共同資訊
能製作日報表等例行報告
能回應電子郵件
能製作會議與簡報資料
一起吃飯喝酒時能隨意聊天
能運用資料做簡報
能接受並理解上司的口頭指示
能接電話（轉接、留話）
能以口頭指示部下並說明業務意圖
能參與會議並發言
能夠面談、談判、進行商談
0%
20%
40%
60%
80%
100%
全體
綠色

棘手的。

因此，在今年七月之後樂天的英語化計畫仍會繼續進行下去。最終目標是希望全體員工多益分數都能超過八〇〇分，並且具備足以實際運用的英語「說、寫」能力。可能還需要再花個兩、三年，但只要能達到這個水準，就能夠視狀況自在地切換使用日語和英語了。

英語能力強的人評價比較好？

常常有人質問我：「是不是英語能力強的人評價比較好，而工作能力強卻不會英語的人評價就變低呢？」

很多人認為樂天過於重視英語能力，甚至將多益分數列入升遷考核的要件，那麼是不是只有英語能力好的人才能得到肯定？但是，我要請大家注意，英語能力其實只是升遷要件之一。

世界上有許多英語很好的無能政治家，或會說英語卻沒有工作能力的上班族。但另一方面，也有許多市場嗅覺敏銳的人，原本自己就在進修英語。而工作能力較強的人，多半也善於時間管理，再加上天生頭腦和邏輯能力都不錯，就算以前沒好好學英語，只要肯專注去學，置身在使用英語的環境中，很快就能學得很好。或者，學生時代曾經專注在某件事上面，具有完成某件任務的經驗，這樣的人來學英語也很快。

在推行英語化計畫過程中，我們發現了一件事。那就是：英語能力已經不再是一項特殊能力。因為大家都會說英語了，原本英文好而顯得很突出的人，被周遭說英語的人包圍後，就被埋沒在當中而不再搶眼了。過去自恃於英語溝通能力的優勢，專門做表面工夫而不腳踏實地的人，在周遭的人都會說英語的環境當中，那一套就行不通，再也不管用，而需要接受工作實力的考驗。

到頭來，英語只是個基本的溝通工具，說穿了也不過就是英語嘛。從前的日本人，必須學習的基本能力包括「讀、寫、算盤」三種，不過現在這個時代，「讀、寫、算盤」已經被「閱讀、電腦、英語」取代。以前，用打字機打字曾是一種專業工作，現在也都被電腦取代了。電腦和英語，已經變成最基礎的工具。

正因為它是個工具，就沒有無法掌握的道理。

在這樣的情形下，英語說得好不好已經不重要，只要能溝通就夠了。重要的是，盡全力用英語傳達意見的態度，而別去在意文法錯誤等細節。

當大家有了些程度，都會用英語溝通之後，英語能力本身就不再成為問題。一個人真正重要的專業知識、專業能力，自然就會浮出水面。

這就是我們推行英語化計畫後，才真正體會的心得。

身在日本也能參與美國職棒大聯盟的比賽

二〇一一年二月以來，樂天負責系統開發的六位執行幹部當中，有三位是外國人，他們都不會說日語。要雇用新工程師時，他們也完全不考慮工程師是否會說日語，列入參考的語言項目只有英語。

拜解除日語魔咒束縛之賜，我們能夠毫不拘泥於國籍，僅以是否具專業知識與經驗技術做為雇用人才的考量。

調整錄用條件，不問國籍，只以能力優秀與否任用人才後，二〇一一年錄取的社會新鮮人約有三成左右是外國人。而二〇一二年錄用的當期畢業生，包含秋季錄用的二次就業者，預定錄取名單當中也有三成左右是外國人。外國人在二次就業者中所占比例也在持續增加。因為企業合併收購而增加的海外子公司，員工當然也都是外國人。

拓展海外事業的時候，僅憑日本人就能在全世界打出一片天嗎？日本職棒訂定外籍選手的人數限制，盡量讓日本球員上場打球；與此相比，美國職棒並未對外籍球員設限。只要看哪種制度下能讓球員表現得更好，答案就一目瞭然了。當然是從全世界網羅最頂尖球員的美國職棒大聯盟陣容最堅強。

企業也是同樣的道理，不要限制外籍員工人數，能夠從世界各國募集最優秀人才的企業，當然會比受限制的企業更為有利。

公司大量引進優秀的外國人才，將會讓身處日本國內的日籍員工面臨更嚴峻的競爭環境。

這可能是相當艱辛的挑戰，但是，往好處看，想像一下身在日本也能同時參與美國職棒大聯盟比賽的狀況，不是讓人興奮得心跳加速嗎？

同樣的狀況，對出身於其他國家的員工也有同樣的魅力，無論屬於哪裡的職棒球隊，都可以在同樣一個世界大聯盟中參賽！正因為有英語，才使得這個夢想得以成真。

當然，從另一方面來看，人才也並非只要會說英語，或只要是外國人就夠。會說英語就好的話，只要對外延攬所需人才，雇用會講英語的人或者外國人就好了。但是，樂天現在需要的人才，是對樂天主義有共識，並且具備戰略性思考、獨立型的國際人才。

這樣的國際人才很難找，不能只從外部引進，而企業內部現有員工也並非全都能夠滿足這樣的條件。

因此現在集團努力進行企業官方語言英語化，就是為了在公司裡培育這種人才而設的目標。同時，企業官方語言全部切換成英語，也是讓公司更容易從外部與海外延攬優秀人才的策略之一。

不僅如此，因企業購併而進入樂天麾下的優秀人才也會提高續留的意願。以英語做為企業內的共通語言，對於海外子公司的員工，以及期望進入樂天的外國人才而言，也提供了一個開放培養職業技能的機會，希望能夠因此獲得並留住更多具有多樣性背景的優秀人才。

員工心聲 1

我想在此介紹公司內部刊物刊載過的一些員工心聲。希望能讓各位理解：他們身處在樂天推動英語化的工作現場，是如何看待這件事情？橫向展開又是如何進行的？

首先介紹的，是二〇一一年調職到美國樂天分公司Buy.com，原來服務於樂天市場營業部的U。

收到調職通知時著實嚇了一跳。我從來沒期待要調職到外國去，英語也從不是我的強項，連去美國旅行的經驗都沒有，像我這樣的人在外國工作？簡直想都不敢想。

只要記住固定的常用句型，我想一般對話多少能夠應付。例如，度完週末回來上班時一定有人會問你：「週末過得如何？」就可以先想好如何用英語說明週末發生的事情。但是商務對話沒有一定的模式可循，因此在工作的時候，不懂的千萬不能含混裝懂，得不斷追問，直到弄懂為止；如果還是聽不懂，就請對方寫成文字用電子郵件寄給我。而我自己在做說明時，也會透過在白板或筆記本上畫圖或圖表等方式來輔助言語的不足。

來到美國以後，感覺自己的國際視野突然開闊了起來，同時也痛切地感受到，日本樂天市場的成功模式，仍然無法順利推展到全世界，甚至因此產生了危機意識。

原本負責製作樂天市場特輯網頁的編輯部女性員工O，則在二〇一一年調到國際部門。

我英語並不好，聽說被調到國際部門時，著實大吃了一驚。剛到泰國樂天子公司TARAD時，別人問我什麼都聽不太懂，我想要表達的內容也無法順利傳達。

以前從來都以為擴展國際業務是特別的人在做的事，然而我發覺現在所做的工作，不過就是整理原先在編輯部所做的事情，傳授給海外的集團事業體而已。唯一不同的只有使用的語言，其餘部分跟我在日本做的事都一樣。想想這也是當然的，對方跟我都一樣是人啊！

在教當地工作人員製作網頁的程序、分析方法等作業時，他們一定會問「為什麼？」，而被他們問到，我才發覺自己從來也沒明確地知道理由。不過，我覺得在與外國同事一起工作時，一定要正視這些問題，不能夠搪塞敷衍：「反正這樣規定就這樣做……」而要盡力以自己理解的角度說明。

我在前面也稍微提到過這一點：若條件是會說英語就好的話，只要雇用會講英語的員工或外國人就解決問題了。然而，樂天要推動英語化的著眼點之一，是要將樂天在日本累積的知識經驗傳達到世界各地，因此有必要讓日本員工學會英語，再派到外國去工作。

說實在話，我們其實有刻意挑選國內營業成績優秀、只是英語程度比較跟不上的員工，積極主動地將他們送往海外去工作。

所以你看見每篇心聲劈頭都說：起初的反應是嚇了一跳，理由就在於此。相較於只會說英語而不嫻熟業務的人，這些員工英語能力或許不足，但確實擁有值得傳承的內容，因此反而更能派上用場。

也有一些例子剛好相反，是外籍員工突然來到日本。

以樂天市場營業部的男性員工F為例，某天，他的部門經理忽然換成一位新調來的加拿大人。我們看看F半年後回過頭來如何看這件事。

我們部門經理忽然換成一位加拿大人，這件事實在太突然了，讓人驚訝到只能目瞪口呆。雖然我有在持續進修英語，但業務上負責的客戶都是日本的店鋪，總覺得沒什麼機會在業務上實際運用到英語。從沒想到過，自己會這麼快就陷入日常生活都需要用英語溝通的地步。因此，當我聽到新來的經理在到任後自我介紹說：「為了提升你們的英語程度，今後我將只說英語。」頓時覺得非常焦慮。

一開始，我緊張得什麼話都說不出來，但新經理個性活潑開放，一直對我說個不停，讓我們的關係立刻變得很親密。他總是很努力理解我說的話，也會換個辭彙確認聽到的意思是否正確，不知不覺中，讓我對英語的畏懼減輕許多。我們部門的人也都很快就跟他打成一片，現在有時候還會教他用日語說笑話，來交換他的英語講座。

他會不斷地提出問題直到獲得滿意的解答為止。例如丟出「我們賣的廣告為何效果不如預期」這類的疑問，我們就會重新驗證廣告的效果，向他說明其中的程序，透過一再反覆討論，讓作業目標更明確，有時候還會因而產生新的創意。

樂天的外籍員工所占比例，在二〇一〇年大約是百分之四，到了二〇一一年增加到百分之七，國籍種類約有三十國，其中最多的是亞洲國家。若將國內外所有子公司都算進去，樂天集團到二〇一一年底（部分調職到海外的日本人也包含在內）大約有百分之二十三的員工在非本國地域環境下工作。

外籍員工並非只會配屬在海外分公司或進行海外拓展的部門，而且也因為無論到哪裡都可能有日本客戶存在，所以不會說日語的外籍員工，也會被安排接受日語訓練課程。

二〇一一年十月秋季錄用的社會新鮮人，其中百分之七十以上都是外籍員工。接下來所介紹的這一段，來自於人事部負責人才培育、主辦這次新人研修的男性員工K。

在我開始從事人才培育之前，從沒在業務上遇過迫切需要使用英語的狀況，而且我沒有留學經驗，之前學英語只為了應付升學考試。以前我看待外國人，多少有點偏向「既然都來到日本了，當然應該說日語啊！」的立場。但是自從業務上要用到英語後，我的生活整個大翻轉，變成每天都泡在英語裡。

剛畢業的新人態度都非常積極，在研修活動當中，各種疑問像烽火不斷地交叉射擊。一開始，我連問題內容都無法理解，幾乎完全沒辦法當場對應，大多需要靠美國籍同事來幫我。

當我弄不明白對方詢問的真意時，我會請他改用簡單的辭彙再說一次，或將詢問內容寫在紙上給我看、寫電子郵件給我，花很多時間一個一個去處理。然後，我也將研修時用到的英語整理出來，製作成自己的「常用片語集」。例如，「今天就上到這裡」要說成「So much for today」、「挑自己喜歡的位子隨便坐」則是「Free seating」等等，所蒐集的都是自己常會用到的句子。

就這樣，我逐漸能跟他們談笑風生，研修時的應對也游刃有餘。雖然度過了一段辛苦的日子，但經過一整個月風裡來浪裡去的研修期間，我確實感覺到自己也有了大幅成長。

員工心聲 2

其實在工程技術人員之間，早在二〇一〇年準備導入企業官方語言英語化之前，就已經有了「英語是必要工具」的共識。因為關於網路技術的資訊，絕大多數都來自歐美，尤其美國的資訊更是壓倒性多數，幾乎所有最新訊息都是以英語發出的。

例如，假設有一本關於尖端技術的教科書在美國出版，若這本書評價非常好，大概會翻譯成日文出版，但翻譯作業約需一到兩年的時間，而在網際網路的世界裡，那兩年技術恐怕又更新好幾代，翻譯的時間落差實在太大。

樂天是個網路企業，我們是服務業，不是製造業。樂天不是外資企業的日本分公司，而是個具有企圖心，打算不斷朝向海外躍進，準備要成為世界第一的網路企業。我們必須掌握的高科技情報，幾乎都是以英語發出的，若仍坐著等待翻譯出現，絕對會跟不上時代的腳步，況且有許多資訊根本無法翻譯。

因此，在網路技術上若想要具備全球性的競爭力，最低限度一定要具備英語能力。

程式語言「Ruby」的開發者，現在擔任樂天技術研究所資深顧問的松本行弘是這麼說的：「日本的ＩＴ（Information Technology，資訊科技）業界已經進步成這樣，工作上竟然還能夠不用到英語，這件事本身就算是異常了。」

他又說：「據估計，單單美國的ＩＴ人員就有日本的十倍之多，而歐洲的ＩＴ人員大多數也都使用英語。這樣看來，我們面臨的現況是，ＩＴ方面的最尖端資訊幾乎有九成是以英語發表的。

「而另一方面，日本的ＩＴ人員竟然可以不必學習英語，只因為再深奧難解的科技資訊都有人幫忙翻譯。電腦科技的專業書籍，恐怕只有日本人是以『英語以外』的語言閱讀的。（中略）

「日本的ＩＴ人員應該明白，他們可以說是在世界上最優渥環境下工作的一群人了。反過來說，只要會一點英語，在國內就算是占了優勢。

「但是，可別認為這種像棲息在『箱庭』的情況會永遠持續下去，因為網路這麼普及、資訊傳播的速度這麼快，翻譯的時間落差，遲早會變成致命的延誤。」（日經商業雜誌二〇一〇年九月十三日號）

其實這個問題不限於高科技資訊，若不能直接連結上英語圈的資訊，就只能接觸到全世界正在流通的資訊中的一小部分而已。若只看日本的新聞，就無法即時了解現在世界上最受矚目的是什麼；流向相反的訊息也是如此，從發出訊息的角度來看，若不能以英語發聲，就不能讓全世界聽到。

因此，我接下來要介紹幾位樂天工程師所發出的心聲。

有些人是從英語成為企業官方語言的計畫開始以前，就已經「很想要到海外去工作」了。首先介紹的是廣告平台開發小組的男性員工S，他說自己在學好英文以後，受到外國工程師們非常多的刺激。

得知企業內在公開徵求員工到紐約LinkShare（二〇〇五年成為樂天集團新成員的美國聯盟行銷廣告公司）工作時，我立刻就去報名應徵，但面談時選考委員指出我的「技術層面沒問題，英語能力卻不足」，因此那時候我沒被選上。這件事讓我非常懊悔，立刻如火如荼地開始學習英語。努力的結果，二〇〇四年只拿到五三〇分的多益成績，到了二〇一一年已經進步為八三〇分。

我發覺到學會英語最大的好處，是能夠直接與外國工程師溝通。

某次在Twitter上問了外國人一些問題後，忽然收到某人回覆：「要不要抽空來我們公司看看？」後來，我趁著澳洲旅行之便，到雪梨那個人任職的公司去拜訪，跟他們的工程師交換意見，在那裡聽到許多非常有意義的談話，也確認了日本工程師的技術能力，即使去到海外也足以與人一較長短。

出差到舊金山的樂天公司時，我也能和許多集團以外的工程師深度交流。當地辦公室周圍都是世界聞名的IT企業，Facebook、Twitter、做Firefox瀏覽器的Mozilla、經營管理Wikipedia的Wikimedia Foundation等，這些赫赫有名的企業辦公室都近在咫尺。到了晚上，各知名企業的許多工程師還會開辦讀書研討會，而且任何人都可以參加。在那裡跟他們談話就會發現，日本的工程師若再不振作，處境就非常岌岌可危了。

Facebook、Twitter這些企業的工程師都非常熱愛挑戰，只要是過去沒有前例的新技術，都會來者不拒地積極面對挑戰。而且只要新技術產生的服務一開始上軌道，他們就立刻又去找尋新的挑戰。除了這些工程師之外，還有一些專屬工程師負責將所提供的服務自動化或提高營運效率等工作。相對於此，樂天的工程師所處的狀況相當嚴峻，有限的寶貴時間被迫在系統開發與運用兩者之間拉扯，結果反而可能變成浪費成本的原因。

另一方面，樂天到目前為止經過不斷的嘗試錯誤，所累積出來服務運用的知識經驗，即使放在世界水準來看，品質也是相當高的。我們在服務精神上所展現的細膩程度，絕對不輸給任何外國工程師。因此，今後最重要的課題就是讓樂天集團內的所有海外工程師們，也都能學到這麼高品質的細膩服務，而為了達成這個目標，英語能力是不可或缺的。

傳道師與區域大使

根據我的認知，M&A（Merge and Acquisition）所考量的重點有：一、購買某種形式的資產（流量、品牌、管理團隊、商品……）；二、若單憑一己之力無法完成的話，得購買整個架構（信用卡、銀行……）。今後，在海外進行的購併會發生得更加頻繁，而在收購外國企業的時候，日本總公司全球化的程度也關係到收購案成敗。即使在收購之後，能否讓他們融入樂天、讓企業合併發揮最大的相乘效果，也都和總公司全球化程度息息相關。

在我們考慮企業購併的時候，有一項比收購對象更重要的考量，就是收購之後如何將它改造成最有價值的企業。因此，在收購後應該投入與之前同樣大的心力，來促進PMI（購併後的經營統合）。

為此，我在樂天集團設置了兩個特殊的職位：「傳道師」與「區域大使」。這兩個職位，都是為了讓樂天流的經營手法、商務模式、事業營運方式，能夠在海外子公司生根茁壯而設的。

首先，傳道師這個辭彙，指的當然並不是推廣基督教信仰的傳教士，而是熟悉樂天市場營業（電子商務諮詢）、樂天大學、行銷、設計、編輯等企業功能的專家，積極主動地到各個國家、區域去，傳授我們所累積的知識經驗的傳道師。

例如，派遣到英國樂天分公司Play.com的傳道師，是之前樂天市場網頁編輯部的男性員工I，他一到英國就先著手進行Play.com的分析：「我先以在樂天市場練出來的方法，分析每段時間的銷售清單、網頁訪客人數等數據，接著從樂天市場正在進行的企劃當中，選出適合Play.com現況的企劃案推薦給他們。其中一項是『限時拍賣』。我從數據分析結果看出，Play.com在每星期幾的某個特定時段，銷售成績就會達到顛峰，因此選擇這個時候推出限時搶購的大拍賣，結果這個拍賣商品的銷售量比前一天同時間增加了十三倍，讓那些從來不曾以時段來做過銷售數量分析的當地同仁都吃了一驚。」

傳道師所負的使命，是跨越國界的限制，將樂天的各種服務機能橫向展開，讓我們的服務在世界各地都能均一化。相對於此，區域大使則是熟知某特定地域的專家，他們需要判斷橫向展開的內容是否符合所負責區域的特性，若橫向展開的項目不適合當地狀況就要適時阻止，若覺得值得在該區域推行就負責推薦給當地同仁。因此，區域大使多配屬於每個國家或區域，基本上也不會有什麼異動。他們負責在總公司與該區域的主管之間折衝，將改善企業整體表現的工作推展至各分公司。

他們的任務不僅是將樂天所累積下來的知識經驗傳遞到海外，有時候也會反過來將海外成功案例輸入日本的樂天市場。例如：美國樂天子公司Buy.com在網路上提供的電視購物節目「BuyTV」，和可以在網路連線銷售網與朋友看同一畫面，同時用即時通跟朋友聊天的「Shop Together」等，都是與海外開發小組合作移植到日本樂天市場的網路服務。

被任命為「傳道師」或「區域大使」的同仁，大部分都是原先英語能力並不高的員工，但是，現在他們都能毫不費力地用英語進行溝通了。

若沒有共同的語言，就無法實現橫向展開的構想，正因為如此，我們才會決心推行企業官方語言英語化。

內部SNS也都用英語

樂天有一個公司內部專用的溝通工具「Yammer」，是個只有員工能貼文發言、像Twitter或Facebook那樣的社群網頁，可以跨越部門和內部網路的藩籬而共享資訊。

Yammer最早是為了活化企業內溝通管道，而於二〇一〇年八月導入樂天的，但除了以工程師為主的部分員工之外，一直處於沒什麼人在用的狀態。直到二〇一一年四月底，才真正普及到所有企業員工。

轉變的契機是當年三月十一日發生的東日本大地震。企業內使用的聯絡管道，除了原有的行動電話、電子郵件、企業內網路的資訊欄之外，遇到突發危機、音訊不通時，為了增加緊急聯絡的途徑，多一個聯絡管道，Yammer這個能讓員工從外部登入連線的工具忽然受到重視。

由於發生三一一地震，我順勢要求全體企業員工都登錄使用Yammer，使用人數因而暴增。在地震災後的混亂狀態下，Yammer可以接收「今天請在家待命」或「今天請在幾點前進公司報到」等來自公司的訊息，還有交通資訊、核電廠事故資訊等。

除了原先的管道之外，Yammer增加了一條可以日語、英語同時傳達給員工的溝通管道，尤其對並非以日語為母語的外國籍員工來說，Yammer是個相當寶貴的資訊來源。

在此之前，Yammer的貼文多半都是日語，但在地震發生後，過了兩、三個星期，東京好不容易恢復正常時，我在朝會催促所有員工都趕快去Yammer登錄，接著又補了一句：

「貼文要用英語。」

類似地震災害的緊急聯絡，是業務目的之外的事情，所以用英語或日語都無所謂，但導入Yammer的目的，原本就是希望能跨越部門、國境的藩籬，使得企業內的溝通交流更加熱絡，因此我覺得將所用語言限定為英語，也是達成這個目標的有效方法。

十月十日晚上十一點四十八分，樂天集團旗下的海外子公司，泰國TARAD.com的一位員工，在Yammer以「Dear all Rakuten friends」（親愛的所有樂天朋友們）為題貼了一篇文章，呼籲大家為正受到嚴重洪水侵襲的泰國居民發動募捐。

樂天銀行的負責人率先回應這項呼籲，開設了接受捐款的特設帳號，回覆時間是次日清晨七點二十五分。三天後，十月十四日下午三點起，樂天銀行就開始接受救援泰國水患的捐款了。而且不僅在日本，樂天集團分布在美國、法國、德國等地的企業也都展開了募款活動。

正因為有了跨越部門和國境的即時溝通工具，才使得如此迅速展開援助的活動成為可能。而我認為當時幫助我們溝通的最大功臣，是Yammer，也是英語這個共同的語言。到目前為止，Yammer中已經建立了許許多多群組和主題，有些是通知啟用新服務或業務改善案，也有些是在辦公室、海外出差時所發現的話題等等，大家都在這裡分享各式各樣的資訊。

Yammer也是讓同仁們發表和討論的場所。討論的主題非常多元，有一次某位同仁對於我在朝會時所說的話提出異議，他在Yammer的發言劈頭就是一句：「I don't agree（我不贊成）……」

我一直對員工們說：「無論有任何意見，隨時可以毫無忌憚地跟我說。」因為我很清楚，儘管忠言逆耳，但老闆願意真誠地接受這些意見的態度，對組織而言是非常重要的。

不過現實中，很難找到有員工敢直接對老闆說：「我不贊成。」這可能跟使用日語有關。日語本來就是種很不容易清楚表達異議的語言，所以即使持反對意見，也都習慣用非常迂迴婉轉的方式表達。

在這方面，英語就是個比較容易發表議論的語言。事實上，貼在Yammer這篇「I don't agree」的發言，不管在國內外都引發熱烈討論，許多員工都參與了論戰，有贊成、也有反對的，展開了活潑熱烈的精彩議論。無論對自己的上司也好、老闆領袖也好，每位員工都能自由地發表意見，參與討論，這也是拜企業英語化之賜。因為英語化，給組織帶來了自由言論的新鮮空氣，點燃了企業內熱切溝通的火花。

不過就是個工具，然而又不只是工具

我也說過，英語不過就是個工具罷了。說它是工具，是因為我覺得英語跟電腦沒多大不同。經營者對全企業員工說：「為因應業務需求，今後請大家一定要會操作電腦。」跟要求員工：「為因應業務需求，今後請大家一定要學會說英語。」其實完全是同一層面的事情。對於提供網路服務的企業而言，電腦、網路、電纜、傳輸線……都是必要的工具；同樣的，參與全球化市場經營的企業，為了讓世界各地的員工能夠溝通，也需要英語做為共通語言。

當然英語要學到能應用很不容易，但其做為商業工具的定位仍然相同。這就跟「業務上需要用到excel，請學會怎麼使用」、「業務上需要用到電子郵件，請學會如何使用」，本質上並無不同。而且，電腦、excel、電子郵件……本身並不是重點，用它來做什麼才是最重要的，這點在英語來說也完全相同。

雖說不過就是個工具，但英語仍不只是個工具。因為以英語做為工具使用，對於溝通模式和邏輯思考方式，都會產生良好的影響。

前面提到在企業內部SNS「Yammer」上的熱烈討論就是其中一例，我相信就因為使用英語，才能夠超越資歷、上下關係而發展出激烈的討論。

而且，用英語說話時，自然就會有意識地用比較合乎邏輯的方式來說。我們在樂天原本就鼓勵員工用「先說結論，再說三個導致這個結論的理由」的方式說話，在推行英語化之前，就已經在引導員工用英語式的思考模式來說話。

沒有結論的對話，在商場上是毫無意義的。用英語說的話，在文法結構上自然會形成比較合乎邏輯的模式。商場對話，要求的是簡潔精要的理論性，但用日語商談就很容易流於曖昧不明。

因此，將語言切換成英語時，員工們就會透過商業會話，重新認識日語中曖昧的部分。其實並不僅限於英語，學習外語都會帶來重新審視自己母語的契機。

我甚至認為，運用外國語言還能夠帶來豐富想像力的意外效果。

語言學上有一個名為「薩丕爾-沃夫假說（Sapir-Whorf hypothesis）」的著名學說，提到某個部族所使用的語言當中，藍色和綠色用的是同一個辭彙，因此若給他們看藍色和綠色的東西，他們會用同樣的語彙來表現。我們馬上就能區分出藍色和綠色的不同，而他們雖然不至於無法辨別，但需要花費更多時間去分辨。從這點我們就能發覺，人對事物的概念是語言所規範出來的，甚至說概念會受語言束縛也不為過。

果真如此，切換語言就能夠讓人從其他面向去掌握一個概念。使用外國語言，可以幫助你對自己頭腦中的概念產生疑問，更容易想到要從另一個角度重新檢討。而這對於產生具有獨創性的新點子，一定是有好處的。

樂天的誕生與英語

樂天最基本的商務模式，是在我和一位名為約翰．J-H．金的韓裔美國人討論時浮現的。

約翰是我在哈佛商學院的同學，我們在畢業後仍然繼續交流，有時候邊喝酒邊談論商業企劃什麼的，談到深夜還欲罷不能。

我時常跟他討論商場上的戰略，尤其在大型企業將觸角伸進各地城鎮後，日本各地方逐漸失去原有特色而變得劃一，因此如何才能為中小企業及個人經營的商店帶來活力、發展出多樣化的消費模式，一直是我們討論的主題。

所以我可以斷言，若不是當年我在興業銀行的時候拚命學英語，獲得到哈佛商學院留學的機會，也不會產生樂天這樣的商務模式。樂天的誕生，與英語確實有著密不可分的關聯。

其實我的英語能力不僅只帶來樂天誕生的機緣，對於之後樂天的成長，也發揮相當大的作用。

像是現在已經變得理所當然的集點制度「樂天超級點數」，也是我事先與哈佛商學院市場行銷學的教授討論過後，於二〇〇二年引進的。

「樂天超級點數」可以用在樂天所提供的各種服務系統，包括樂天市場、樂天旅遊、樂天拍賣、樂天書店等。例如，在樂天市場買東西時獲得的點數，也能用在樂天旅遊、樂天拍賣等其他地方。每買一百日圓就能獲得一點。

當時我對任何日本人提起點數制度的想法，得到的幾乎都是否定的負面反應。但是哈佛的教授給我的卻是非常正面而有意義的意見。當然，我並不是選擇性的只聽正面意見，而是幸運地在聽過多方意見之後，才決定採用這個制度的。

即使到了現在，英語能力仍幫助我得到許多有益的資訊。我定期會和一位網路技術開發方面的重量級人物碰面，他現在在美國資訊產業中擔任舉足輕重的職位；而且也時常有機會跟矽谷等地的科技產業或大企業頂尖經理人直接做面對面的交流。從他們的談話中，可以嗅出目前網路商務最前線的波動、他們在想的是什麼、美國網路技術的最新動向……都是非常有參考價值的訊息。

以英語直接和外國人交流，所獲得的好處多得無法衡量，這是我親身感受到的。我之所以決定在樂天推動英語化計畫，本身的經驗也是原因之一。

我的英語初體驗

我在小學二年級到四年級這兩年間，是跟家人在美國東岸的紐海芬（New

Haven）度過的，現在想起來，那是我用英語溝通的最初體驗。

我們是因為父親的關係而去美國的。父親從神戶大學經濟系畢業後，考上第一期美國傅爾布萊特外籍學術獎學金，到哈佛大學與史丹佛大學經濟系分別留學一年，回國後在神戶大學教書，後來又有機會到耶魯大學去做研究。

父親要去耶魯時，母親原本打算讓他單獨赴美，因為那時我姊姊是中學一年級、哥哥念小學四年級，母親擔心他們無法準備升學考試。但對我這個每天丟著作業不管，在外面玩耍，成績一塌糊塗的小兒子，她早就束手無策了。

然而，母親自己在第二次世界大戰前，也在美國紐約住過一段時間，她還記得小時候的一些回憶。當她想起這些經驗時，開始覺得「就算日本的學校課業會跟不上，等回來後還可以再設法，但住在外國的寶貴體驗只能趁現在」，因此最後還是決定帶著我們一起去美國。

父母教我的英語少得可憐，我只學了one、two、three、yes、no和bathroom。帶著這幾個單字，我就被送進了當地小學，教室裡只有我和黑人教師兩個有色人種，其他全都是白人。

大概因為小孩子很容易適應環境吧，那時候我交了很多朋友，很快就學會說英語了。

等到父親研究期滿回國時，我腦袋裡已經全部都裝滿英語，不過我的記憶力不太好，明明有這個大好機會學了英語，回國後三個月就全忘光了。

之後因為完全沒念書，我的英語除了聽力還不錯外，考試成績一塌糊塗。結果，到進入興業銀行工作，開始發憤圖強苦學英語前，一直沒好好學過英語。

但是，我切身體會到今後的社會，英語溝通的能力的確非常重要。因為從小就時常看見父親的教授朋友們從海外來我家拜訪，聽見他們熱切地討論社會、經濟的話題。後來擔任過美國財政部部長、哈佛大學校長等職務的羅倫斯．薩默思（Lawrence H. Summers）也曾來過我家。

若要說我的創造性、思考形態，跟一般人不太一樣的話，那大概就是因為小時候的美國經驗，以及家庭成長環境中有機會接觸到許多外國人的關係吧！

當年那個時代大家都說不可能有人在網路上買東西，我卻開始創立樂天市場；在日本的企業裡推動以英語做為官方語言，被批評為愚昧的全員英語化政策……，這些不同於一般人的思考模式，可能都來自於我小時候就種下的遠因。

Chapter 5

樂天全球化計畫

ENGLISHNIZATION

樂天的下一個目標

樂天草創時只有幾個人，如今已經成長為擁有國內外員工人數合計超過一萬人的大組織。

除了樂天市場、樂天旅遊這些網路服務事業外，還有樂天銀行、樂天證券、樂天信用卡、樂天Edy（電子錢包）等網路金融事業，以及日本職業棒球聯盟的東北樂天金鷲球團，展開了非常多角化經營的事業與服務形態。

樂天所提供的這些服務，多半都能在網路上以一個共通的樂天會員身分來使用，而且不同的服務之間，消費時也都能夠累積通用的樂天超級點數。

像這種以網路商務為基礎的循環型經濟圈，我們稱之為「樂天經濟系統」或「樂天經濟圈」（圖10）。

二〇一一年十二月三日，樂天市場的年度流通總金額（即樂天市場所有店鋪在網站內的總營業額。只計算在樂天市場賣出的金額，並包含樂天書店的營業額）突破了一兆日圓。一九九七年五月一日剛開設樂天市場時，我們一個月的流通金額只有三十二萬日圓，僅僅十四年又七個月的時間，就超越了一年一兆日圓的大關卡。

圖 10：樂天經濟圈

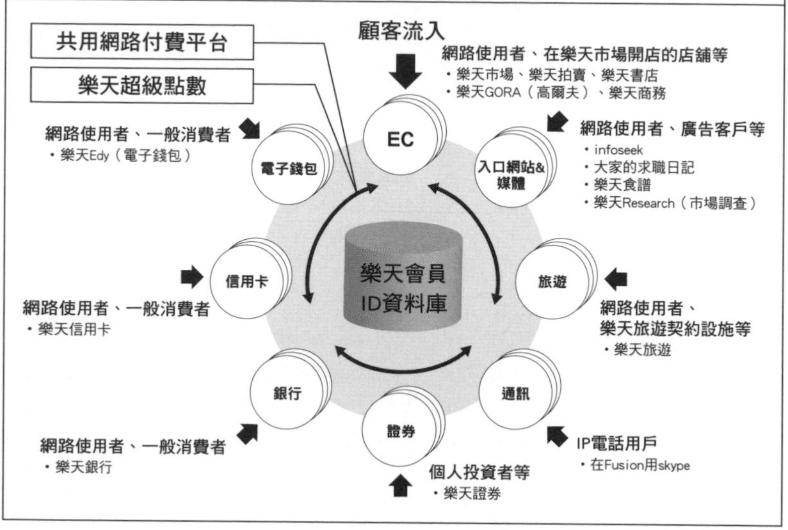

如圖表（圖11）所示，可以明顯看出樂天市場年度流通總金額的增長，起初突破五千億所花的時間是十年又七個月，而突破下一個五千億只用了四年。

不僅是單純的每年持續增加而已，金額還是以加速度在增加中，每年增加的金額也會各自成長約二百億到三百億。二〇一一年的增加金額是一千七百億日圓，若是以這個速度持續增加的話，只要再過四到五年，每年流通總金額應該就能達到二兆日圓。

那麼，樂天市場的下一個目標要如何設定呢？在此之前，我都是

圖 11：樂天市場年度流通總金額

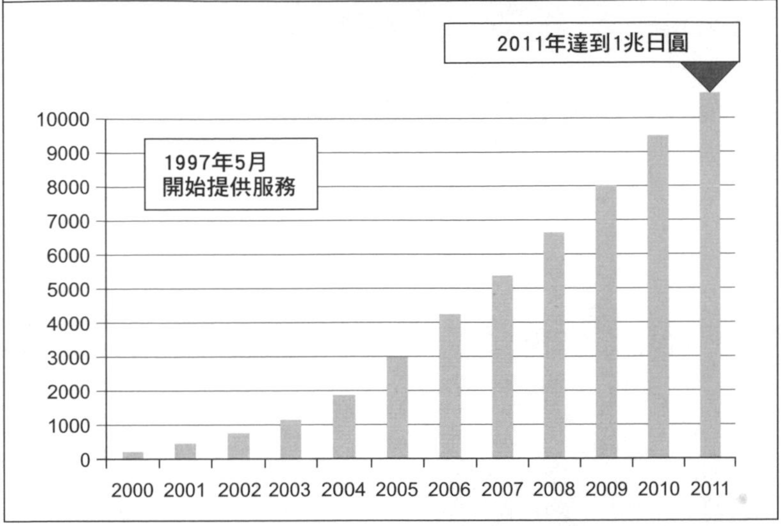

依「一三法則」來設定目標金額：十萬日圓的下一步是三十萬、三十萬的下一步是一百萬、一百萬的下一步是三百萬、三百萬的下一步是一千萬……，以這樣的步伐來前進，目標金額的數字一定都是一或三。三千萬的下一個目標就是一億日圓。

因此，在達成了一兆日圓的目標之後，若依「一三法則」來推算，下一個目標應該是三兆日圓。但是，若以目前為止的成長率來看，三兆日圓的目標應該是不用多努力就能達成。

我想不得不設定更大的目標。於是，我決定跳過三兆，將接下來的年度流通總金額訂為十兆日圓。

樂天獨特的商務模式

可能有很多人會認為十兆日圓是不可能的任務，但回想起二〇〇一年，當樂天市場的流通總金額還只有三百六十億左右時，我就宣布將翌年目標訂為一兆日圓，當時沒有人相信我們能成功。

而我現在認為突破十兆日圓的目標是可能達成的。

為何敢這麼說？因為樂天市場的商務模式具有相當獨特的形態，不同於歐美型的網路販賣業。

歐美的網路販賣，基本上是採取直接販售的模式，商品的販賣和庫存大部分都是網路公司自己管理。

最近也出現一些跟樂天類似型態的網路商城（電子商店街）營運手法，但通過那些商城販售商品的網路店舖，卻無法對於經由網路商城來購物的顧客們，提供有效的售後服務或追蹤。說得極端一點，那樣的商務模式只能算是一種網路量販店。

樂天市場的商務模式，卻是全然不同的另一種型態。

在樂天市場設店的目前有三萬九千家，登錄的商品超過九千萬件，而這些店舖周圍被七千六百萬人以上的樂天會員圍繞著。這些樂天會員是我們的粉絲，而且因為有樂天超級點數的吸引力，粉絲們還會從其他樂天網站流進來。

在樂天市場開店的店鋪，可以對顧客施展各種促銷方案，例如可以利用樂天提供的「R-mail」發行電子報、建立部落格「店長的房間Plus+」，來對顧客發出各種商品或促銷資訊；也能夠利用「大家的口碑」功能瀏覽、蒐集顧客的意見。經由樂天市場這個媒介，店鋪可以直接跟顧客連結，而且樂天市場也會為店家提供電子商務諮詢，可以隨時回答問題、提出建議。

樂天市場的特徵，可以用以下三個L來說明：

第一個是「Live」的L。樂天市場不是便宜就好，單單做價格比較、追求廉價的場所，而是讓顧客能享受購物樂趣的網路商城。雖然美觀的型錄上排列整齊的商品，一眼就能看出我們嚴謹的商務模式，然而樂天市場最重視的是資訊的新鮮度。也就是說，讓每家店舖都能夠活生生（Live）地親近消費者、與消費者交流，這才是樂天市場最大的特徵。

第二個是「Long Tail」的L。舊型態實體店舖擺放商品的棚架必定有空間限制，無法將所有商品都上架，因此不暢銷的商品就無法避免下架命運。但是，利用網路販售的話，就算是一年只賣出一件的商品，也能放在網路商店等待青睞。那些因為很久都賣不出去而無法擺放在店頭販賣的冷門商品，只要種類夠多就會增加整體銷售金額，藉由「聚沙成塔」帶來可觀的業績，而這就是網路商店獨特的「長尾現象」。若以販賣數量為縱軸、商品為橫軸來畫圖表，販賣成績最好的在最左邊，依序向右邊畫下去，就會出現像恐龍尾巴一樣的圖型，因此有了「長尾現象」這個名稱。架上隨時都排列有將近一億種商品的樂天市場，也有明顯的長尾現象。

第三個是「Long Page」的L。樂天市場商品介紹頁面有一個顯著的特徵：與其他網購平台的網站頁面相比，樂天的網頁非常非常的長。即使在大家都說網頁愈簡短愈好的時期，樂天市場的漫漫長「頁」也曾大放異彩，然後，現在連樂天市場之外的其他網站也都開始放落落長的網頁了。

樂天的全球化戰略

全世界無論到哪裡去找，都找不到第二個具備和樂天這些特徵相仿的電子商務事業了。我認為這獨一無二的商務模式，只要能夠在全球各地展開（當然也要配合當地市場本土化），將來必定有一天，整個樂天集團的電子商務事業能達成每年流通總金額二十兆日圓的目標。

現在（二〇一二年五月）樂天的電子商務事業，經由全世界包含日本在內的十個集團企業，已經在十三個國家或區域展開，將來可望能拓展到二十七個國家或區域。不僅是電子商務事業而已，今後旅遊事業、金融事業、電子書籍事業等，也都將擴大推展到全世界。到目前為止，若把其他服務都算進去，樂天已經由世界各地的十四個集團企業，拓展到二十三個國家或區域了。

樂天擁有許多不同種類的事業，以及具有各式各樣特殊專長的多樣化人才，因此有必要發展出更多元的經營管理方式，好讓他們能夠充分發揮工作長才。此外，因為樂天的事業規模快速擴大，持續拓展多面向的全球化，可分配時間與時間差的問題也已浮現出來。之前一直由我和部分幹部承擔的責任，必須分散、委託給其他人，將樂天整頓成全球化的企業，建立起能夠管理整個樂天集團的健全體制。

今後，我們計畫將原本放在日本總公司的一些功能分散到海外，例如將系統開發部門搬到矽谷、印度，將行銷部門搬到紐約……之類的。

在每個區域設置總公司，將總公司的部分機能分散到海外，並不會讓樂天分崩離析，企業總部仍然放在日本，我們的立場仍然是朝向「源自於日本的全球化企業」。我們以二〇一二年新口號「建立新全球化管理體系年」揭開序幕，計畫要打造出新的經營體制，讓分散在世界各個角落的各個集團企業，都能像同一個企業一樣的運作。二〇一二年預定將在亞洲、歐洲、北美分別設置區域本部，並建立起國家層級的經理人制度。

要藉全球化讓企業一體的經營理念得以實現，綿密的溝通交流是不可或缺的。每週舉行一次的經營會議，讓執行幹部與分處在世界各地據點的領袖，都能夠經由視訊會議系統參與，如同處於一室侃侃而談地展開討論。

能夠實現上述理想，將所有區域、組織都虛擬式的統合在一起，共同經營這個世界企業，仍是拜樂天英語化之賜。

但是，發揮最重要功能，維繫樂天集團一體相連的，其實並不是英語。

推廣樂天主義

當我們開始推動英語做為企業官方語言時，有些人就怒目斥責我：「你竟敢捨棄日語」、「別輕視日本文化」什麼的。雖然在推動企業官方語言英語化，但我當然絕不是要捨棄日語，也沒有輕視日本文化的想法。

我並不是主張將日本國家層級的官方語言改成英語，不用說我也知道，日語對日本人而言有多重要。但我們是要向全世界展開全球化的業務，而英語早就已經成為國際商場上的共同語言，我們只不過是因此而要用英語罷了。再說，我覺得國家層級的官方語言和商業上的官方語言，是完全不同層面、應該要分開來思考的問題。

此外，依照我之前所提到過的，樂天是要用全球語做為企業內的官方語言。根據全球語提倡者尚保羅・奈易耶的理論，只要說的是全球語，就能保護自己的語言文化，不受英語所帶來的文化侵略之害。學習自己的母語當然非常重要，不過掌握自己要表達的內容也很重要。同時，無論我們喜歡或不喜歡，在今後的全球性競爭之下，具備英語能力做為一種商業工具，也是非常重要的。

樂天的英語化並不是西歐化。相反的，我是想透過樂天將企業官方語言英語化這個機會，把日本文化及日本人的優點推廣到世界各地。

日本人團隊合作的細膩程度、款待客人時「體貼入微」的用心，是足以傲視全世界的優點。只要在日本成長，身上自然就會具備這樣細緻的優點，應該善用英語能力，將這美好的特色傳到全世界去。在英語化（Englishnization）這項作業當中，其實還包含了另一個面向，它也是一個日本化（Japanization）工具，將樂天的服務水準推廣到全世界。

我不斷強調，我們給英語下的定位很清楚，它不過就是個企業內溝通的工具而已。若身在海外各個國家，為了在當地進行商務活動，當然有必要學習當地的語言。從海外來到日本工作的員工，以及海外子公司的管理階層，反而是需要學習一些日語。我希望他們能經由學習日語，而體會到日本最大的優點：「細膩貼心」的服務精神。

樂天在向海外拓展的時候，最重視的就是如何將樂天的服務特色推廣到世界各地。我們有個稱為「樂天主義」的方針，之前我也曾提過好幾次，樂天主義，是樂天的營運理念和集團員工應該做為行動規範的準則。

唯有樂天主義這個重要準則，才是將各國樂天集團員工凝聚在一起的「共通語言」。樂天主義也有英語版本，透過全球化成為共有的羅盤。

樂天主義包含有「八條行動規範」、「樂天集團企業倫理憲章」、「品牌共識」、「成功的原則」、「工作的流程」等項目。

例如，顯現樂天集團整體價值觀的「品牌共識」列有以下五句話：

大義名分
品行高潔
準備周到
堅定信念
團結一致

而實現這五個目標共識的方法，則是五條「成功的原則」：

①時時改善，日日精進
②貫徹專業精神
③假設↓執行↓驗證↓制度化
④追求最高的顧客滿意度
⑤速度!!速度!!速度!!

無論是剛從學校畢業或是具有社會經驗的應徵者，我們在選擇新員工時的首要條件，就是能否認同樂天主義，而這是比英語能力更重要的考量。

樂天在收購海外企業時，簽訂契約前也必定會先確認他們是否能接受樂天主義。若是無法接受，收購契約就不會成立。因為在樂天主義當中，包括有樂天的經營願景、工作方法，以及資訊共享的企業文化等都濃縮在其中。是否能認同樂天主義，是能否成為我們集團成員之一的最先決條件。

樂天主義還包含有配戴名牌、朝會、打掃等文化習慣，若是日本人，大概都會很自然的接受，不會感到不適，然而其他國家的人會如何反應？因為各國的民族性不一，有時候可能也會種下反彈的種子。

但是，我仍然要求集團旗下的海外員工也都要遵從這些行動規範。不過，我們也會用懇切又詳細的說明，希望對方聽了之後能夠接受。名牌，代表屬於樂天集團的象徵，希望大家都能以身為其中一員而感到驕傲；朝會，是資訊共享的文化核心；打掃，是讓自己回到原點，決心今後也不斷成長的寶貴時間。

樂天主義是一種認同感，全世界各地樂天集團企業共同擁有這個認同感，在共同的價值觀之下，分據全球一體相連，講究速度的經營方針也能因此而實現。

我認為樂天主義是否能深入人心，是整個集團是否能茁壯、業務是否能夠提升、速度和服務品質是否能改善的關鍵。正因如此，在收購海外企業時，對方是否能認同樂天主義，就成為我們最優先考量的先決條件。

而在追求「樂天主義」的全球化時，英語也仍是不可或缺的啊！

網路世界，速度勝於一切

樂天為了要徹底實行樂天主義，將英語訂為企業內官方語言，追根究柢來看，最大的理由還是在我們所處的業界，因為我們的企業舞台在網路上，而網路商務是競爭速度最極端快速的世界。

網路商戰的勢力版圖，每一、兩年就會全部改寫，技術革新的速度之快，快到我們幾乎每天都忍不住大聲呼喊：「創新！創新！創新！」因為若不能持續不斷地端出新的服務，就無法在這個世界中生存下去。例如二〇〇三年開設的社群網站MySpace，曾經在網路引領風騷一時，擁有傲視群雄的人氣，但很快就被Facebook壓倒而銷聲匿跡。

網路商務的世界中，不斷出現新興企業，但也不斷地消失。即使是被視為穩若磐石的企業，也會在一瞬間凋落；剛剛才呱呱落地的小小創新事業，也會在一夜之間爆紅。變化得如此激烈的枯盛榮衰，間不容髮地在這個世界中持續發生。

另一方面，群雄割據狀態的網路商務業界，也逐漸開始合縱連橫起來，大企業吸收小企業，場上的選手數目慢慢縮減成某種固定的數量，而這些還留在場上、具代表性的選手包括：Google、Amazon、eBay和Apple等企業。

樂天要生存下去，就必須要與這些強力的對手作戰，急切拓展海外市場的原因就在於此。尤其是在新興國家的市場，愈早進入的就愈有利，這是先行者才能獲得的利益，因此我們必須比其他企業都先走進去。

「在國內持續快速成長的樂天，為何這麼急著向海外發展呢？」我常在日本受到這樣的質疑。但是，若考量到網路商務這一行新舊交替的速度有多快，就會知道，即使現在我們在國內看起來還沒有向海外拓展的必要，仍必須要先下手為強。不僅如此，我在第一章也提到過，日本市場的規模，長期看起來很有可能會逐漸萎縮，因此無論如何將來還是要向海外走出去。

不，事實上，我倒覺得樂天朝海外拓展的腳步已經算是有點遲了。

海外大多數的網路企業，著眼點和日本不同，他們反而是以全球化的拓展為前提而展開業務。他們不是從地方企業成長為全球企業，而是一開始就以全球性企業為起點。

在日本常被質疑：「為何要向海外擴展？」到了海外，則反過來被質問：「為何現在才要向外拓展？」對他們而言，不走向海外才是不可思議的事情。

樂天起步的時候是一個地方性企業，現在正逐步朝全球性企業邁進，但對於一開始就定位為全球性企業的外國公司而言，我們的起步已經晚了。

因此，如何提升全球化的進度，盡快迎頭趕上，是我們從激烈競爭中勝出的重要關鍵。

日本的課題就是如何強化英語能力

被迫面對激烈速度競爭的業界，並不僅是網路商務業界而已，製造業也同樣面臨速度競爭。

現在，所有的物品、硬體都在商品化（Commoditization），而商品化也意味著：

商品缺乏自己獨特的個性。

對消費者而言，性能大致相同、價格也不相上下的不同品牌商品，買的是哪個還不都一樣？而對製造廠商而言，只憑硬體製造來與其他商品做區隔，也是非常困難的事。

因此決定勝負的關鍵，就在於如何能結合硬體與軟體，提供更高品質的服務。

蘋果的iPad、iPhone之所以能引爆購買潮，並不是因為硬體的完成度高。雖然硬體也的確很優秀，但更優秀的是他們將多樣化的內容、應用軟體……全都捲入戰場，與他們一起並肩作戰，發展出綜合性服務。各式各樣的音樂、遊戲、書籍、雜誌、報紙、電影……等內容、應用軟體，都加入蘋果的經濟圈內提供服務，對消費者而言，的確充滿了魅力。

日本人所擁有的基礎技術能力非常高，但是，近年來日本的製造業，在結合軟體和硬體兩者的服務方面，面對海外的競爭對手時，多半只能甘拜後塵。即使能為蘋果製造iPad、iPhone的零件，也無法自行開發出附加性服務；即使在零件製造這方面，面對中國、韓國等外國廠商的競爭，也不再具有優勢。雪上加霜的日圓升值，又讓我們喪失國際競爭力，「只要能製造好商品就不怕賣不出去」的美好時代已經結束了。

結合硬體與軟體的服務，今後將變得更加重要，這個趨勢已經非常明顯。到目前為止與網路完全扯不上關係的企業，以及他們所提供的商品或服務，今後也不能再無視於網路技術的存在了，因為所有的事物都將與網路連結。

Google從二〇一〇年就開始投入汽車自動駕駛系統的技術開發，而且已經成功累積了三十二萬公里以上的汽車自動駕駛紀錄。能夠自動駕駛的汽車一旦實現，人們就可以不用緊握著方向盤不放，只要輸入想去的目的地就好，也不用擔心酒後不能開車。而這個技術的基礎，就建立在網路上。

那麼，若要盡早掌握最尖端網路技術的資訊，應該怎麼做呢？這就是我在本書中再三提到的，只有一個方法，就是直接用英語，密切追蹤IT科技的最新動向，直接閱讀技術論文，此外別無他法。因為若只坐著等翻譯出版，馬上就會變得完全跟不上時代。

但是，真正嶄新的資訊，很多甚至都還沒來得及化為文字。像這樣的第一手情報，就只能直接去向第一線的工程師打聽才能得到，這時候難道還要因為那位工程師不會說日語，就打退堂鼓嗎？若要比任何人都迅速確實地接觸到最尖端的資訊情報，就必須具備英語溝通的能力。

早些年日本經濟急速成長的年代，許多外國企業都將亞洲據點設在日本，但是現在亞洲的據點都從日本轉移到上海、新加坡去了，這是另一種「忽視日本（Japan passing）」的版本。

在此之前，日本的製造業，在某種程度上是躲在日語的保護傘之下的。因為日語造成了外國企業進入日本市場的障礙，外國企業很難進來與日本企業競爭；而另一方面，以製造業為中心的日本輸出產業，只要「商品」品質優良，就不怕在海外賣不出去。

但因為網路的普及，地理上的障礙已經被打破，日語也不再是我們的保護傘。網路是一種沒有國界、無遠弗屆的商場。若考量到數年後的日本人口，以及日本在全世界GDP占比的大幅下滑，我們落後於世界的差距不斷擴大，明明已到了無法不以世界為貿易對象的時代，我們怎能再繼續把自己孤立在與世隔絕的島上？

我們必須脫離孤立的島嶼狀態，以全世界做為我們的商業對手。能否將軟體、硬體和服務做結合，將我們的綜合性商業服務推廣到全球去，攸關著日本經濟成功復活的可能性。

有些企業可能不必做到像樂天將企業官方語言英語化這麼全面，我也並不想將樂天的做法強加在別的企業身上。但是，無論如何抵抗，水往低處流的傾向仍然不會改變。網路、全球化、網路販賣、電子書籍的趨勢如此，英語也如此。

歐美企業從一開始就占有英語優勢，起步時就已經踏出全球化的腳步。對日本企業而言，使用英語可能會覺得一出門就矮了別人一截，但並不能因為感覺外面情勢不利而足不出戶，用日語也能走遍天下的美好時代已經結束了。

現在，需要強化英語能力的，已經不僅是像樂天這類做網路服務的企業了，日本產業界全都不應該逃避英語這個課題，因為必須認真思考全球化的時代已經到來。

Chapter 6

全球化是日本的生命線

ENGLISHNIZATION

日本人唯一的缺點

日本人是很勤勉的，而且無論技術能力、設計能力都不輸人，但只有一個決定性的缺點。

那就是全球性通用的溝通能力。尤其這項能力中的一個重要元素：英語能力，顯然絕大部分日本人都還嫌不足。

我相信若日本人擁有足夠的英語能力，日本經濟就不會凋零到今天這個地步。若我們可以藉由英語這個利器，緊盯住全世界的商業動向，必定能在更早的階段，就發覺到日本的「製造業神話」已經崩盤。

但就算從現在開始也不算太晚。我實際在樂天推動企業官方語言英語化計畫時，愈來愈強烈地感覺到，甚至國家層級的政策，也應該要正視提升全民英語能力的問題。

我一再反覆強調，這並不是主張捨棄日語或停止日語教育，因為日語和日本文化都應該重視，這點不言自明。

重視日語和日本文化，與鍛鍊英語能力，是能夠並存的兩件事。不僅如此，活用英語能力還可以做為向世界傳播日本文化的工具。因此，鍛鍊英語能力也可以同時成為推廣日本文化的努力。

若日本人擁有英語能力，能在國際間與人溝通，日本將成為世界上少見的經濟強國。因為日本人原來就具備了勤勉、技術能力、設計能力，若再加上全球性溝通能力，那麼成為經濟強國就是理所當然的了。

我認為憑日本人的潛力，必定能學會用英語。

事實上，在樂天的經驗裡面，這兩年英語化準備期間，原本許多幹部與員工，剛開始也都只會片斷說一些英語，但曾幾何時，他們都在不知不覺當中說得很流利了。其實他們並沒有什麼特殊能力，甚至很多人原本很畏懼英語，但是這些人還是學會了說英語，讓自己可以在商業圈裡通行無阻。

那麼，為何大多數日本人都無法學好英語？

我們並不是沒學英語，從國中、高中到大學，隨便抓個大概，估計也花了至少三千五百個鐘頭在學習英語上面（參照第一章）。照理說，花了這麼多時間在上面，英語應該可以說得很好。但事實並非如此。

花費了這麼多時間，結果卻不理想，讓人不免要懷疑：日本的英語教育一定出了什麼根本上的差錯。

最重要的是能切換語言模式

日本的英語教育最根本的錯誤是什麼？我認為其中之一是，英語教師自己都不會說英語。

至少國中、高中的所有英語教師，應該全部都要換成外國人，或英語說得很流利的日本人。只要做這一件事，日本的英語教育就會發生戲劇性的改變。

授課時，完全不用日語，全部都只用英語上課。一開始可能會很不習慣也說不出口，但加上手勢和肢體語言的幫忙，就能充分表達自己想說的內容。例如，一面做出舉手動作，一面發出聲音說：「Raise your hand.」，一次又一次重複，不久就能逐漸了解「Raise your hand.」的意思是「舉起你的手」。雖然乍看很沒有效率，但這樣學英語反而會更快。

我認為英語會話最重要的，就是要能切換腦內的語言模式，將日語模式切換成英語模式。長大成人才開始學英語會話的時候，也要意識到這樣的語言模式切換動作。

在幹部會議之中，也有幹部希望我能高抬貴手：「這裡可以用日語嗎？」但我絕對不接受，因為這是為了貫徹切換語言模式所必須做的。我會很耐心地等待對方想出答案，或幫他一點忙：「你的意思是不是這樣……？」雖然會多花一些時間，但我認為這是絕對必要的過程。

我認為日本人英語說得不好沒有關係，說得不流利也無所謂，因為本來就不可能說得像母語那麼好，而且也沒必要啊！說得不好也不用覺得丟臉，最重要的是盡全力用自己所有的辭彙來表現的這份努力。

例如，在英語會話當中，想不出來「氣泡水」的英語怎麼說，這時候很多人都會沉默下來，想破腦袋要找出「氣泡水」的正確說法。

但是，即使想不出「氣泡水」的正確英語是sparkling water或club soda，也完全不需要擔心。應該要捨棄「必須說正確英語」這個既有的認知。想想看，如果一時想不出「氣泡水」的日語怎麼說，我們會改說「有泡泡的水」、「會冒泡泡的水」，嘗試換成其他不同的說法來傳達給對方。英語也是這樣，就算說bubby water，對方知道意思就達到目的了。

用盡自己所有的辭彙來表達的態度，就能將腦袋從日語模式切換成英語模式。就只有置身於全英語的環境，才能讓腦袋習慣不同語言模式的切換，所以英語教師一定要能說得一口流利的英語。

請不會說英語的英語教師去教別的科目吧，要重新教育他們，實在太浪費時間和金錢了。

其實不會說英語的英語教師，應該要馬上被炒魷魚的，但他們有雇用保障，無法任意解雇。老實說，身負教育國家未來主人翁重任的英語教師，竟然不會說英語也不會被炒魷魚，這點我實在無法接受。

別翻譯！重點要放在「溝通」上

日本的英語教育，主要是英翻日、日翻英，拿一大堆「將下面句子翻譯成英文」、「將下列英文翻譯成日文」之類的問題給孩子們寫。

要學會如何切換語言模式，就不能翻譯。最重要的是，要讓腦袋學會直接用英語理解英語。我也一直叮嚀樂天的員工們：「別翻譯！」

我自己在去美國留學之前，邊聽英語聽力訓練的教材，總是邊提醒自己千萬別翻譯。將耳朵聽到的英語，直接敲在鍵盤輸入電腦，腦袋裡一堆英語辭彙在做排列。這時候注意絕對別翻譯成日語，不用多久，就逐漸能直接理解聽到的英語了。

日本的翻譯文化實在太發達，世界上所有的知識都能翻譯成日文來閱讀。但是，翻譯需要花一段時間，而以現在的商業環境，若不能迅速掌握最尖端的資訊，就會喪失競爭力，因此翻譯這段時間是非常致命的落差。

日本的孩子們，應該不是將來都要做翻譯工作吧？既然如此，就應該趕快停止只教翻譯的做法，改成更實用的英語教育。

改成實用英語是什麼意思？就是不用留意枝微末節的文法，「只要能通就好」，放心大膽地說，將力量都灌注在學習溝通能力上面。

有些人非常在意何時前置詞應該是to、還是of、或是at比較恰當……這類細節。但並沒有嚴密的文法規定什麼地方一定要用to之類的，文法會隨著時代變化，沒有必要太重視時態、單數複數這些區別。

比這些更重要的是，盡量累積「自己說的英語對方能聽懂，也能聽懂對方說的英語」這類經驗。實際能夠溝通的話，就會感覺很高興，想要溝通得更好、說得更好，如此一來就會提高學習動機。

回頭檢視樂天一路走來的英語化過程，就發現員工的英語溝通能力，是以加速度在提升的。一開始，十個人當中只有一個人會說英語，很快增加到三個人、五個人、七個人。會說英語的人數增多，溝通對象的組合總數也像幾何級數般增加，說英語的機會變多，剩下的三個人也很自然地就學會說英語了。

用自己不熟悉的英語來溝通，起初確實會因無法順利表達意願，而使得效率低落。但是，只要不半途而廢，突破某一個時期後，忽然之間，所有人的能力都出現飛躍性的提升。

無論如何都要堅持到最後，「搞定／儘管去做（Get Things Done）」是提升溝通能力的秘訣。

青春期之前達成雙語化的目標

二〇一一年度開始，小學五、六年級學生的英語已經成為必修課程，而且據說是以強化溝通能力為重點。這一點值得讚賞，但我認為應該更早讓孩子們接觸英語。

雖然各方說法不盡相同，但這部分就交給語言學或腦科學專家去傷腦筋。我想提出的是所謂的「臨界點假設」，就是在青春期之前，要先有機會雙語化，這個時期具有決定性的意義。

所謂的青春期以前，是指男孩變聲、女孩初經來潮之前。據說在這個時期之前，有過一次雙語化經驗的人，與沒有經驗過的人，在青春期之後學習外國語言時會有極大的不同。

青春期之前就雙語化的人，即使發生事故或疾病造成失語症，無法使用的，可能只有兩種語言當中的一種，或許是會說日語而忘記英語，也可能是會說英語而忘記日語。

而一旦過了青春期，長大成人以後才雙語化的人，罹患失語症時會變成兩種語言都不會說。

根據腦科學的研究顯示，青春期之後雙語化的人，是在腦中同一個區塊處理兩種語言；相對於此，青春期前就雙語化的人，兩種語言是分別由腦內不同的兩個區塊處理的。也就是說，青春期前就先雙語化的人，在說英語和說日語的時候，腦內所反應的區塊是不同的。

可以這樣想像：青春期之前就雙語化的腦，以電腦用語來形容，就是雙CPU（兩個中央處理器）那樣的概念。

因此，若真的想讓孩子同時學會日語和英語，在小學高年級開始變聲或初潮的時期，才讓他們接觸英語就已經太遲了。

有人擔心孩子太小就開始學英語，會對日語的學習與思考能力造成不良影響，認為幼年時期就學習兩種語言，會使得母語和其他語言兩者都學得半吊子，變成「半桶水雙語」。但我認為這其實要看教育環境和方法，印度、東南亞、歐洲……很多地方的人從小就學習兩種以上的語言，看他們的表現就會知道，雙語教育並不會對母語的學習或思考能力造成不良影響。像印度人從出生就要學三種左右的語言，有人認為他們的腦會長成一層一層的，因此特別擅長將事物相互代換的多方思考。

轉換成實用有效的英語教育，不用減少學習日語的時間，只要對孩子實施充分實用的英語教育即可。

在這裡介紹一位出身於馬來西亞、現在服務於樂天的工程師所提出的意見：

「馬來西亞是個多民族的國家，日常生活中隨時有各種不同語言交錯在一起。我家四個兄弟，每個人日常會話用的語言都不相同。因為馬來西亞人可以選擇自己的教育形式，我哥哥接受英語教育，而我受的是中文教育。因此，全家在飯桌上說話的時候，各種語言自然就混在一起，這樣的景象在馬來西亞並不稀奇。

「在馬來西亞，一個人會說兩種以上語言是很理所當然的，為了要做生意，必須要理解各種客人所用的語言，所以若只懂一種語言，就會找不到工作。」

升學考試英語一律用托福

東京大學在二〇一二年一月宣布，計畫在五年後將現行的春季入學制度轉換為秋季入學。一般歐美大學入學都是在秋季，導入秋季入學制度，是為了要招收海外的優秀學生。

東京大學發表了這個構想之後，其他大學也都開始討論改成秋季入學的可能性，站在大學教育全球化的觀點來看，我也很贊成這個潮流的方向。

但我認為，在此之前還有其他事要做，就是大學升學英語考試制度的改革，應該將升學英語改成托福（TOEFL）考試，就算不是直接沿用，至少可以改成接近托福形式的考試。

托福考試是為了要到英語圈的大學留學前，判別學生英語能力所設的英語測驗，由「聽、讀、說、寫」四部分所組成。從二〇〇五年開始，整個考試過程都改用電腦測驗（稱為TOEFL iBT，iBT是Internet-Based Testing的簡稱）。滿分一百二十分，例如哈佛商學院要求的申請條件之一，就是申請者托福成績至少要一〇九分以上。

現在升學考試考的英語，是一種只存在於日本的特殊英語。學英語的最初目的，原本就應該是要學會能在英語圈溝通的英語。既然如此，當然一開始就應該這樣教，浪費這麼多時間去學一種只有日本才有用的英語，完全不划算。

日本人設計的英語教材並不一定就是最好的，把眼光放遠到全世界去看，可能還有很多教材比在日本用的更好。若其他國家有更進步的教材，應該要積極的善加利用。

除了英語之外，其他教材也可能出現同樣的情形，用日文寫的教材不見得就是世界上最優秀的，我們應該虛心檢討、截長補短。

尤其是最尖端的知識，即使是網路技術之外的範圍，也多半只有英文版。若要等待英文的專業書籍譯成日文再來讀，一定會從技術研究的最前線敗下陣來，我們的教育應該要避免這種情形發生，也正因為如此，教育本身才更需要全球化。

別再語言鎖國

日本為何會有這麼不管用的英語教育呢？

我認為這是因為日本政府刻意採取了「語言鎖國」的政策，除此以外的理由都說不通。

語言鎖國，是國家限制國民只能用母語做為使用語言，禁止使用外語，讓國民在語言上被迫關在一個封閉狀態裡。當然，日本事實上並沒有禁止使用外國語言，但是看到英語教育的現況，真讓人不得不懷疑，國家是不是故意在施行不能用英語的教育。

為何實施語言鎖國？是為了保護日本文化，還是為了維持日本社會的秩序……有各種可能的理由。

但我認為應該是為了經濟上的理由。若日本人能自由自在地運用英語，在語言上形成開放狀態，外國人就能輕易大量舉兵進入日本市場。這麼一來，日本獨自發展出來的基準就會被國際標準替代，對許多企業而言，都是非常不樂見的情形。

而且，只有一種語言的社會，媒體比較容易掌控，輿論也容易誘導，封鎖國民直接從海外蒐集資訊、與外國人溝通，形成多元意見的可能性。

在印尼，蘇哈托一九六七年就任總統後，就開始推行語言鎖國政策，當我一九九〇年後半到印尼去的時候，幾乎沒有人會說英語。

但是等到一九九八年，蘇哈托政權被推翻後，印尼的語言環境就徹底改觀。因為他們親眼看見馬來西亞、新加坡等鄰近的國家，經濟都已經開始起飛，發現自己若一直這樣語言鎖國下去，必定前途堪慮。

從此以後，印尼舉國上下開始改善英語教育，最近我去訪問印尼時，就吃驚地發現連計程車司機都會說流利的英語了。

不僅是印尼，現在的歐洲各國，包含政策上一直非常保護傳統母語的法國在內，都已經將從前中學才排入的英語課程，提前到小學一年級就開始。

還有將六種語言訂為官方正式語言，重視多重語言主義的聯合國，為提升國際會議的工作效率，除了會議最後定稿的文件有六種語言版本之外，會議途中製作的事務性文件都只有英語版。

在科學技術範疇和醫學、藥學領域中，英語早已經是共同的官方用語了。財務、會計經理的世界中，今後將導入IFRS（國際財務報導準則），也不得不使用英語來做報表。在商業世界的工作現場，英語更是無所不在。

積極推行英語教育政策的國家，現在遇到的最大問題，就是世代間的語言落差。以韓國為例，現在四十歲以下的商業人士很多都會說英語，但大部分五十歲以上的人都不會用。

個人電腦和網路的時代來臨，在能夠靈活運用這些新工具的人，與不能運用的人之間，造成了待遇和機會的差距，稱為「數位鴻溝（digital divide）」或「數位落差」。現在，在會說英語和不會說英語的人之間，也逐漸產生類似的鴻溝。

今後，若日本持續進行英語教育改革，也可能會造成與韓國同樣的語言落差，類似的社會問題也會開始引起各界注意。但是，不能為此因噎廢食，不敢推行英語教育。相反的，更應該現在就開始學習英語。樂天員工中也有不少五十歲以上的中年人，很辛苦地學習，好不容易才逐漸學會英語。

我們必須要克服數位鴻溝，同時也要跨越語言落差，日本應該要停止語言鎖國，該是語言開國的時候了。

英語化的訣竅大公開

現在樂天的英語化還沒完全成功，仍有好些人還在辛苦地與英語奮鬥。但是，完全英語化的道路已經看得見終點了。

當樂天企業內官方用語的英語化完全成功的那天到來，我打算將推行經驗與訣竅全部公開。即使是競爭對手，只要他們希望推動英語化，我很願意毫不藏私地將所有的英語化心得與技術都交出來。

還沒推行英語化以前進來的員工，雇用條件並沒有英語能力基準的，合計約有七千人以上，這些日本員工全部一起開始學習英語——一般日本全球化企業大約要耗費十五到二十年所進行的計畫，我們卻打算只用兩年來完成它。這樣的例子是日本史上第一次。

而且我們用的是最徹底的關鍵績效指標（KPI）。換句話說，員工的英語學習狀況、企業內的英語化進度等，都徹底進行數字管理。

不單單是多益的分數，今後還要透過英語口語的檢定考試來提升員工的英語能力，同時也會繼續以數字來管理。

員工用的是什麼樣的教材、在哪裡的英語補習班學習、或使用什麼樣的電子學習（e-learning）模式、什麼樣的應用軟體（透過智慧型手機等載體）……等資料都在持續累積中。

換句話說，我們手上擁有大量與學習英語有關的樣本。只要分析這些數量龐大的樣本，就能找出許多有用的訣竅，例如：哪個階段的英語程度適合用什麼樣的學習教材，或者如何學會真正能活用在商場上的英語……，甚至包括多益的實用性也可詳細加以檢驗。

我們的企業內官方語言英語化，在某種程度上，是在進行一種微型社會實驗。在這個英語化計畫當中，有些做法非常順利、也有些是失敗的，我們不斷的嘗試錯誤，現在也仍持續實驗中。

樂天的企業內官方語言英語化，正是樂天主義所揭示的「假設↓執行↓驗證↓制度化」、「時時改善，日日精進」內容的實踐。首先建立假設，接著，現在應該要做什麼來達成設定的目標，用因數分解來分析其中要素，然後一一加以執行、驗證，有時候也加以改善、逐漸建立起制度。經由如此的過程，就能夠確實地縮減我們與目標之間的差距。

驗證我們這個實驗所得到的數據，應該就能找出有效率學習英語的訣竅，我們想將這些訣竅建立成制度，與全日本共享。

我認為這些訣竅不應當由樂天獨占。「只有樂天是個特殊的企業」，這樣的狀態長期持續下去，其實並不是件好事。

若是所有日本人都能擁有充分的英語溝通能力，日本的國際競爭力就會大幅提升，這麼一來，日本的景氣也會變好，好景氣又能回頭帶動樂天的銷售金額成長。

我的終極目標

我曾經腦子裡閃過一個疑問：若樂天從創業的第一天起，就開始進行英語化，現在的樂天會是什麼樣子？

購併海外企業的時機應該會比現在更早，進行得也更順利吧？我們的全球化策略也應該早就實現了。

但是，時鐘的指針是無法倒轉的，我們也只有一條向前邁進的路可走。

大概過了五年或十年後，我就會想：「還好當時有推動英語化，真是太好了！」

我們做生意，是只以國內市場為對象，還是將全世界的市場納入視野，因為這一點不同，所帶來的結果也會完全不同。

今後出現的新創投公司，可能會從第一天就預備全球化策略了。

我希望見到這樣的未來。

小型的組織，輕巧而便於轉向。剛創業的經營者，應該在公司規模還很小的時候，就將企業官方語言英語化，先做好全球化的準備，這種事情是愈年輕就愈有利的。

相反的，組織愈來愈大，想要改變就愈來愈困難。大企業若要實行內部官方語言英語化這麼大膽的改革，需要高階經營管理者的強力決斷。

但是，為了防止日本產業繼續衰退下去，現在更應該要認真地面對英語這個課題，將舵盤轉向全球化的方向。

樂天英語化若是能夠成功，說不定會為日本的經營學帶來革命，這樣說或許有點誇張，但我真的這麼想。

我想要證明日本人也會說英語，還有我也想證明在服務業的領域裡，日本企業也能與世界並駕齊驅。

在第一位進入美國大聯盟的野茂英雄選手出現之前，大家都認為日本的棒球選手沒有能力在大聯盟發展，但他做到了。然後，人們就想，即使投手能在大聯盟占有一席之地，內外野手也不可能打進大聯盟。但是，鈴木一朗和松井秀喜兩位選手，再次打破我們既有的認知。

結果就是，樂天若不能在現實世界中獲得成功，世人就不會接受「全球化是正確的方向」這個理念。

只有持續累積既成的事實，才能夠改變世界。

希望全球化之後的樂天能夠在全世界獲得成功，希望日本人的意識能夠改變，希望日本的英語教育能夠改善，然後日本人的競爭力能夠提升，而日本也能夠再繁榮起來。

這些就是我的終極目標。

結語

「樂天金鷲球團也要英語化嗎？」

因為很多人問我這問題，所以在這裡一併回答：選手與球團的工作人員，都不是英語化的對象。

但是，球團工作人員若是都會說英語，就可以形成比較容易獲得外國選手的資訊網，在需要將大聯盟的做法導入樂天金鷲球團時，也能夠進行得更順利。因此，我很想鼓勵他們也進行英語化。

不單是球團的工作人員，若連日本選手也能英語化，從外國引進選手的時候，因為來我們球團打球不需要帶口譯，對方在考慮來日本打球時，或許會多一個吸引他願意來樂天球團的誘因。

對於日本選手而言，進入樂天球團還可以順便學英語，將來去美國大聯盟打球也比較容易。就算大聯盟還很遙遠，當我是在開玩笑，但我真的認為，至少應該將日本的職業棒球擴展到亞洲市場。若能建立起亞洲棒球聯盟，選手們也很可能選擇用英語做為共同的溝通語言。

我最擅長的事情就是：大膽建立假設，然後去執行它。當然曾經也有失敗的例子，像「電視業是可以接受改革」這個假設，很可惜的，最後以失敗收場。雖然如此，但那次失敗主要是因為外在因素所造成。

「將企業官方語言從日語改成英語」這件事，連我自己都知道是個相當大膽的假設，但這次與收購TBS電視台一案不同的是，英語化計畫可以完全不受外部因素左右。換句話說，無論外部有多少聲音批評我「愚昧」、「亂搞」，都沒有關係。

然而，樂天的英語化宣言，在日本國民之間也引起軒然大波，大家都議論紛紛，有贊成、也有反對，不過我認為能夠引發討論是非常好的現象。

英語對於日本經濟具有什麼意義，日本未來全球化的路要如何走……等議題，若我這本投石問路的書能夠貢獻一點參考材料，就真的很值得了。

在二〇一〇年五月英語化計畫正式起跑的同時，我也開始中國話的學習課程。

一方面是因為我不希望員工們認為：「三木谷本來就會說英語，當然可以提倡企業官方語言英語化」。另一方面也是因為今後在全球化的商業世界中，中國話也具有相當程度的必要性。

我的中國話能力，現在還在幼稚園兒童的程度，但即使只有這一點程度，也已經很有用處了。因為我發現只要能對中國人說幾句中國話，對方的反應就會跟以前完全不同。當然，能跟中國人說上幾句中國話，就能給對方良好的印象。

學習中國話，也給我的大腦帶來了相當大的刺激。年紀漸漸大了，沒什麼機會學習新事物，而學中國話還有鍛鍊腦力的效果。

在我腦袋裡，已經為企業官方語言英語化的下一步畫好藍圖了，是在英語之後必須要學習的下一個語言。中國話嗎？不，不是，是程式語言。

樂天集團美國分公司FreeCause的一位幹部，是在電子商務等各方面，就版權費用、報酬等相關問題，為我們提供解決方案的顧問。在我跟他提到英語之後，打算讓員工們學習程式語言的時候，他對我這個想法大表贊同。他們美國分公司的員工當然都已經會說英語，所以他立刻就讓所有員工開始學習程式語言。

他們借用樂天英語化的Englishnization這個字，將全體員工學習程式語言的計畫稱為Codenization，已經不是企業官方語言英語化，而是數碼化了。

或許很多人會認為Codenization的想法實在是太唐突了。

我們當然不是要用程式語言來對話，但在樂天的業務當中，很容易想像得到，幾乎在所有場合，能夠更了解程式語言，對於業務推動都會很有幫助。而且，一個所有員工都懂程式語言的企業，必定具有相當大的競爭力。

現任紐約市市長麥可．彭博（Michael R. Bloomberg）先生，是世界首屈一指的金融資訊服務公司彭博（Bloomberg）的創始人。彭博在二〇一二年一月發表的新年新希望中，誓言「今年一定要學習程式語言」。

紐約市做為世界金融中心的地位岌岌可危，將來在經濟上終究會維持不下去，因此紐約市有必要對資訊產業招商，而市長彭博就為此決心開始學習程式語言。

我們也必須為將來做好萬全準備。樂天的企業官方語言英語化，只是朝向未來邁出的第一步而已。

國家圖書館出版品預行編目資料

為什麼日本樂天員工都說英語？：樂天集團以英語化邁向國際化KNOW-HOW全公開 / 三木谷浩史著；李道道，謝函芳譯. -- 初版. -- 臺北市：商周出版：家庭傳媒城邦分公司發行, 2012. 10
面； 公分. -- (ViewPoint ; 57)
ISBN 978-986-272-259-6(平裝)

1.在職教育 2.商業英文 3.會話

494.386 101019203

ViewPoint57X

為什麼日本樂天員工都說英語？(改版)

——樂天集團以英語化邁向國際化KNOW-HOW全公開

作　　者／三木谷 浩史
譯　　者／李道道、謝函芳
企畫選書／黃靖卉、林淑華
責任編輯／林淑華

版　　權／吳亭儀、翁靜如、林心紅
行銷業務／張媖茜、黃崇華
總 編 輯／黃靖卉
總 經 理／彭之琬
發 行 人／何飛鵬
法律顧問／元禾法律事務所王子文律師
出　　版／商周出版
台北市104民生東路二段141號9樓
電話：(02) 25007008　傳真：(02)25007759
E-mail：bwp.service@cite.com.tw
發　　行／英屬蓋曼群島商家庭傳媒股份有限公司城邦分公司
台北市中山區民生東路二段141號2樓
書虫客服服務專線：02-25007718；25007719
服務時間：週一至週五上午09:30-12:00；下午13:30-17:00
24小時傳真專線：02-25001990；25001991
劃撥帳號：19863813；戶名：書虫股份有限公司
讀者服務信箱：service@readingclub.com.tw
城邦讀書花園 www.cite.com.tw
香港發行所／城邦（香港）出版集團
香港灣仔駱克道193號東超商業中心1樓_ E-mail : hkcite@biznetvigator.com
電話：(852) 25086231　傳真：(852) 25789337
馬新發行所／城邦（馬新）出版集團【Cite (M) Sdn Bhd】
41, Jalan Radin Anum, Bandar Baru Sri Petaling, 57000 Kuala Lumpur, Malaysia.
電話：(603) 90578822　傳真：(603) 90576622

封面設計／李東記
排版設計／林曉涵
印　　刷／前進彩藝有限公司
經 銷 商／聯合發行有限公司
新北市231新店區寶橋路235巷6弄2號
電話：(02) 29178022　傳真：(02) 9110053

■2012年10月初版
■2018年1月二版
定價260元

Printed in Taiwan
城邦讀書花園
www.cite.com.tw

 ISBN 978-986-272-259-6

廣　告　回　函
北區郵政管理登記證
北臺字第**000791**號
郵資已付，免貼郵票

104　台北市民生東路二段141號2樓

英屬蓋曼群島商家庭傳媒股份有限公司城邦分公司　收

請沿虛線對摺，謝謝！

商周出版

書號：**BU3057X**　書名：為什麼日本樂天員工都說英語？(改版)　編碼：

請於此處用膠水黏貼

商周出版

讀者回函卡

感謝您購買我們出版的書籍！請費心填寫此回函卡，我們將不定期寄上城邦集團最新的出版訊息。

不定期好禮相贈！
立即加入：商周出版
Facebook 粉絲團

姓名：________________________ 性別：□男　□女

生日：西元__________年__________月__________日

地址：________________________

聯絡電話：________________ 傳真：________________

E-mail ：________________________

學歷：□ 1. 小學 □ 2. 國中 □ 3. 高中 □ 4. 大學 □ 5. 研究所以上

職業：□ 1. 學生 □ 2. 軍公教 □ 3. 服務 □ 4. 金融 □ 5. 製造 □ 6. 資訊

□ 7. 傳播 □ 8. 自由業 □ 9. 農漁牧 □ 10. 家管 □ 11. 退休

□ 12. 其他________________________

您從何種方式得知本書消息？

□ 1. 書店 □ 2. 網路 □ 3. 報紙 □ 4. 雜誌 □ 5. 廣播 □ 6. 電視

□ 7. 親友推薦 □ 8. 其他________________________

您通常以何種方式購書？

□ 1. 書店 □ 2. 網路 □ 3. 傳真訂購 □ 4. 郵局劃撥 □ 5. 其他______

您喜歡閱讀那些類別的書籍？

□ 1. 財經商業 □ 2. 自然科學 □ 3. 歷史 □ 4. 法律 □ 5. 文學

□ 6. 休閒旅遊 □ 7. 小說 □ 8. 人物傳記 □ 9. 生活、勵志 □ 10. 其他

對我們的建議：________________________

____

____

【為提供訂購、行銷、客戶管理或其他合於營業登記項目或章程所定業務之目的，城邦出版人集團（即英屬蓋曼群島商家庭傳媒（股）公司城邦分公司、城邦文化事業（股）公司），於本集團之營運期間及地區內，將以電郵、傳真、電話、簡訊、郵寄或其他公告方式利用您提供之資料（資料類別：C001、C002、C003、C011 等）。利用對象除本集團外，亦可能包括相關服務的協力機構。如您有依個資法第三條或其他需服務之處，得致電本公司客服中心電話 02-25007718 請求協助。相關資料如為非必要項目，不提供亦不影響您的權益。】

1.C001 辨識個人者：如消費者之姓名、地址、電話、電子郵件等資訊。
2.C002 辨識財務者：如信用卡或轉帳帳戶資訊。
3.C003 政府資料中之辨識者：如身分證字號或護照號碼（外國人）。
4.C011 個人描述：如性別、國籍、出生年月日。

請於此處用膠水黏貼